增訂版序

童年的 Nicole 與母親。

小時候，我已是一個很有口福的孩子，常常趁人家開飯時「不小心」出現。很多長輩都喜歡請我吃東西，他們說是因為我吃東西的樣子很滋味，甚麼都說好吃，也甚麼都敢吃，長輩們都被我的甜嘴讚得心花怒放。

我小學時母親煮飯，我當小幫手。她耐心地教我煮飯，所以五年級時我已經開始客串，炮製簡單的晚餐。其實母親最希望我離家出外打拼時，可以煮些好吃的給自己，不要亂吃外面的東西。長大之後，我曾經任職美容和酒店行業，因常出差到各國，嘗過不同地方的優秀料理，因此也潛移默化地提升自己的廚藝。

婚後，全職家庭主婦的我，才正式在「少林寺」——我奶奶的廚房下苦功。除了一日三餐外，也上了不同的烹飪課程，看了很多食譜，不恥下問地請教了很多「煮」婦高手，用筆記記下他們的拿手食譜，還有這十多年來我不停鑽研而得到的烹飪心得。

最難忘的一次家宴是煮給 60 多位親友的晚餐，那種身處在專業廚房打仗的感覺，每道菜都要色香味俱全的呈現給親友。當晚忙完，我躲在角落深思熟慮，不如把這份心思放在創業上？就這樣萌生了做自己品牌的想法。

於是，我開始品牌的籌備工作。從醞釀到正式落實經營 Nicole's Kitchen，其實經歷了漫長的歲月。以前照顧孩子，情願等他們睡着了，半夜才在廚房研發。真的等到他們長大可以自理時，我才全心全力地投入事業。我下定了決心就會全力以赴。經過這多年的努力，從家庭式生產到自資工廠，品牌也逐漸成長！感恩每位陪我一起的戰友們。

這本食譜書首版於 2019 年出版，當時社會氣氛一片陰霾，我咬緊牙關的做新書宣傳，曾取消 N 次的分享會。其後又遇上疫情來襲，完全沒有機會喘氣，相信大家都過得不容易。

2023 年，多年不見的母親因病離世，我需要鼓起很大勇氣才決定出版增訂版本，因為翻看這食譜，內有很多都是她教我的，我很想念母親。寫這本書的初心是將母親、長輩們、好友和自己的食譜一併寫出來。他們是曾在我的生命中，間接或直接地教導我烹煮美食的師傅們。

「親手為家人煮的味道」就是一個魔法，能夠讓一個迷失的我變得有自信，拉近人與人之間的距離。亦是一份承傳，留給每位讀者。希望你們也能感受到這本書的溫度，親手煮出獨一無二的味道，給最心愛的人。感恩讀者們、製作團隊和參與食譜的人事物！

祝幸福！

親手為家人煮的味道

By Nicole

《東南亞經典惹味醬》首版。

親手為家人煮的味道

「當我們親手煮給家人吃的時候，一定會選擇最好、最天然的食材。」

感謝每位參與食譜製作的你們！

三舅父 & 舅母

良哥

鐘國樑 & Auntie

河婆客家姐妹

Carol

媽媽

霞妹姨姨

茶粿婆婆

Alan Yun

顏伯伯

目錄

認識東南亞材料

羅望子
Tamarind

羅望子，又稱亞參（Assam），是一種豆科酸豆，屬熱帶喬木的果實。巨型啡色豆莢內藏着很多硬皮種子，果肉又酸又黏，有點像酸梅的味道。

在香港印尼雜貨店買到的羅望子通常已經去殼。用熱水浸泡 15 分鐘，以湯匙壓出果肉，再過濾即可得到酸汁。加入咖喱、娘惹醬、沙嗲醬等醬料都非常合適，和椰糖更是好拍擋。

咖喱葉
Curry Leaf

很多人會混淆咖喱葉和檸檬葉。檸檬葉是 Kaffir lime leaf，聞上去有濃郁的青檸味，吃起來帶點苦澀。

咖喱葉在印度菜裏是不可缺少的一種香料，聞上去真的有股咖喱粉的味道，葉子煮熟了就可以直接吃。

新鮮咖喱葉和乾咖喱葉在香港的印尼、泰國雜貨店都找得到。新鮮咖喱葉最香，用來煮咖喱醬、金香醬能提升菜餚的香味。如果新鮮咖喱葉用不完，可以曬成乾咖喱葉，放入雪櫃儲存起來。

斑 蘭 葉
Pandan Leaf

在馬來西亞，很多的士司機車內都有一束斑蘭葉，當作天然香水。斑蘭葉的香氣清新怡人，有點像西式香草，可以用在甜品、醬料、椰漿飯等食物裏，是椰漿的最佳拍擋。將斑蘭葉打碎，過濾後留汁使用，或直接捲起來與其他食材一起烹煮，既能增添香氣，又是最天然的顏色。

石 栗
Candlenut

石栗，別名石古仔、月桂豆，是一種常綠喬木的果實，原產於亞洲東南亞地區和太平洋部分海島。一般用於製作娘惹醬、咖喱醬、沙嗲花生醬，打碎或磨粉後令醬汁變得濃稠，同時增添香氣。

馬 來 西 亞 蝦 膏 —— 馬 拉 盞
Dried Prawn Paste (Balacan)

在香港印尼雜貨店看到的馬拉盞，通常是四方或長方形的紮實磚塊。馬拉盞的味道其實很像香港的蝦膏、蝦醬，使用前切碎，用乾鑊烘香，腥味會更濃烈，但也是這種味道，一丁點能增加菜式的鹹香味。用來做辣椒馬拉盞，又或醃製肉類都非常適合。

江魚仔
Dried Baby Anchovies

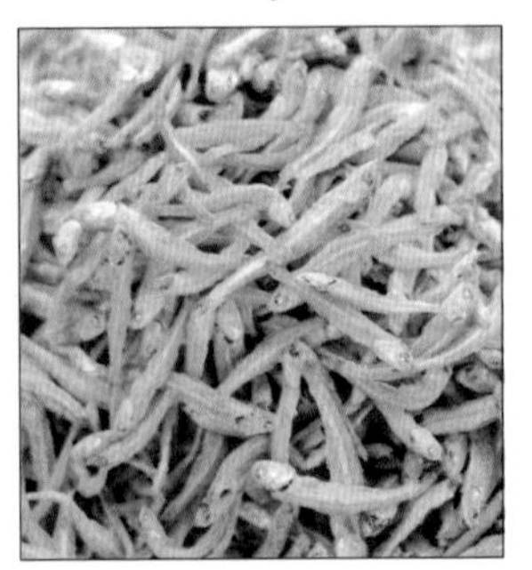

江魚仔是一種小魚乾，馬來語叫 Ikan Bilis。這種銀白色小魚每次都會成群結隊出現，捕撈之後直接曬乾，是許多馬來西亞菜式中常見的配料。

江魚仔的內臟帶苦澀，使用前記得將肚子裏的內臟去掉。它的鹹味也很重，煮湯時可以先輕輕洗乾淨，煮好的湯亦毋須加鹽。但如當成小食吃，建議先浸泡 30 分鐘，倒掉水分後風乾 2 小時再炸，這樣江魚仔能炸得酥脆而不過鹹。

將江魚仔煎香後用來熬湯，味道非常鮮甜。炸脆直接吃沒有魚腥味，而且口感比香港本地的小魚乾更鬆脆，用來拌辣椒醬更是下酒的好小菜。

椰糖
Coconut Sugar/
Coconut Palm Sugar

椰糖取自椰花汁，在椰樹花苞割一刀，把流出來的汁液收集起來熬煮，倒入竹筒裏凝固，便是一磚磚濃郁的椰糖。深啡色的椰糖味道帶點焦糖香味，含有豐富的礦物質，切碎後用來煮豬腳薑、加央、糯米球，風味比白糖更佳。椰糖加入適量水，小火煮沸後入樽儲藏，還可以直接代替糖漿。

薑黃
Turmeric

薑黃也叫黃薑。薑黃粉很常見，新鮮的薑黃則可到印尼和泰國雜貨店購買。薑黃的肉呈深橙色，是被公認為有助消炎的食材。其香味獨特，薑味和辣味濃厚，不易放太多。因為色彩鮮艷，薑黃也是天然的染料。煲飯時加入幾片薑黃，或者一湯匙薑黃粉，除了增添風味，對健康亦非常有益。

南薑
Galangal

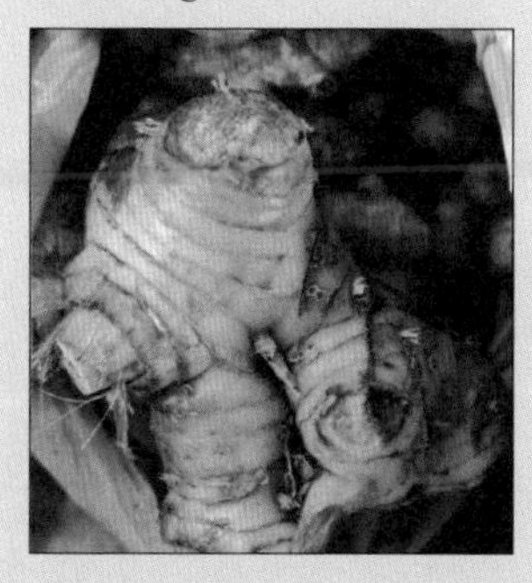

很多東南亞醬料會用上南薑提升香氣，但因為味道霸道，不易多放。而且南薑比薑黃更硬，需要小心處理。

金桔仔
Calamansi

與金桔（Kumquat）不同，金桔仔比較圓，皮是綠色的，果肉呈橙色，所以又叫青金桔。金桔仔酸味重，果汁可以調配出各種醬汁；果皮用熱水反覆煮 2 至 3 次，刮掉白色果皮囊，可和醬汁一起打碎，增添香氣。金桔仔用途廣泛，製作醬汁、煮果醬、醃製肉類、調配飲料，與煎魚、煮好的肉類也非常匹配。

樹 仔 菜
Mani Cai/ Sayur Manis

廣東人會把樹仔菜稱為樹菜。樹仔菜在香港很少見，就算見到也只有最嫩的部分。在馬來西亞，人們會摘下所有葉子加入粉麵裏一起煮，有點像枸杞菜。除了煮湯麵，樹仔菜也可以和雞蛋一起炒。樹仔菜營養價值高，富有氨基酸及維他命，又有清熱之效。樹仔菜很粗生，摘了葉子，把莖插回泥土內又能繼續生長。

香 蕉 葉
Banana Leaf

馬來西亞人和泰國人都喜歡用香蕉葉包裹食物料理，讓食物有種葉子的香氣。使用前先用熱水浸泡，或用濕布抹乾淨，可和食物一起拿去燒烤或煎炸。馬來西亞人還會用香蕉葉包着椰漿飯來賣，吃完直接丟掉香蕉葉，也不會對地球造成傷害。

叻 沙 葉
Laksa Leaf

叻沙葉通常用來煮叻沙咖喱湯，經常出現在馬來西亞的咖喱粉麵。這種葉子在越南還會直接配搭鴨仔蛋、越南牛河，因為有着濃郁的芫茜香味，所以也叫越南芫荽。

新鮮椰漿
Fresh Coconut Cream

在馬來西亞，到處都有新鮮椰漿。老椰子剝開，倒掉椰水，用特製機器刨出一絲絲新鮮椰絲後放入布袋，用力榨出雪白濃郁的椰汁。反覆壓榨兩次後，剩下來的椰絲可用來沾各種糕點，一樣非常美味。新鮮椰汁的唯一缺點是很容易變壞，必須當天使用完畢。

馬來西亞蝦醬
Prawn Paste

馬來西亞蝦醬和香港的完全不一樣，是已經調配好的醬料，可以直接使用。用來烹煮亞參叻沙湯底、做豬腸粉拌醬或水果撈醬等都適合。黑色濃稠蝦醬散發濃濃的蝦味，又有點像麥芽糖，最出名的牌子是「鐘金泉」。

馬來西亞黑豉油
Black Soy Sauce

馬來西亞的黑豉油和香港老抽有點不同，它的味道偏甜，味道濃郁帶鹹，質地很濃稠。許多馬來西亞食物會加入黑豉油，提升菜餚的顏色和味道。在星馬一帶，黑豉油也會用來煲肉骨茶、炒麵、炒河粉、炒水粿、燜肉、拌辣椒蒜蓉等。

【哪裏買？】

近年來，所有東南亞食材都可以在香港找到，在印尼、泰國及越南雜貨店都有售。不過，最多馬來西亞食材就是印尼雜貨店，通常大埔和大元街市都可以找到我需要的材料。

齊來學煮醬料

煮醬料的好幫手

食物料理機／處理器

很多醬料都需要大量的乾葱頭、蒜蓉、薑蓉等材料，用手剁費時也費力。食物處理器除了可以切碎食材，也可以揑麵糰，打碎肉類再加入調味料，更可直接做成肉丸。

石臼

利用石臼研磨可以帶出食材的真味，用它製作的醬料和食物處理器打出來的味道還是「相差一截」。可惜的是用石臼每次只能少量製作，而且很費力。如果是做免煮醬汁，如新鮮製作的辣椒醬，可考慮用石臼。

易潔鑊

煮東南亞醬料很費時，很多時候需要用到大量的油才能煮好。利用易潔鑊就可以減少油的分量，而且不必太擔心材料黏鍋。

密實盒、玻璃器皿

自己製作醬料不會添加防腐劑，每次做醬料時做多一點，利用適合器皿儲存，再放入雪櫃冷藏，需要時便可拿出來再使用。

紗布袋／煲湯袋

要提取材料的汁液，必須有紗布袋，特別是乾葱、薑和椰絲這些食材。如果煮肉骨茶，也需要紗布袋，把香料和藥材裝好熬湯。

煮醬料的小秘訣

預備上湯

醬汁之所以美味，因為內裏隱藏了上湯這個秘密。可以預先準備好豬骨上湯、蔬菜上湯、雞肉上湯，熬好了湯分成小份，放入冰箱冷藏，需要時再拿出來解凍。市面上亦有不含任何添加劑的有機上湯，價格雖不便宜，但方便，味道也不錯，只是鹹度需要自己再調配。

耐心烹調

凡遇到乾葱、蒜蓉、薑等食材，都需要加入油小火慢炒，炒至軟化、釋出水分，最好有點焦香才加入液體材料。如果直接加入液體，這些材料就不能完全釋出味道。

香草、香料

香草和香料使用時要小心，烹煮時間不能過長，份量也不能太多，因為很多香料會遮蓋了其他材料的味道。

奶製品、椰漿

每次煮醬料，特別是咖喱醬，如果加入奶製品或椰漿，最好在一、兩天內使用完畢。如要延長存放時間，最好先將底醬炒好，放入雪櫃冷藏，需要用的時候才加入奶製品或椰漿。

乾粉類

咖喱粉、薑黃粉、辣椒粉等香料粉很容易煮焦，所以可以加入少許水混合後，再加入其他材料一起翻炒，減少煮焦的可能。

調味、試味

煮任何醬汁都需要最後調味，很多時候食材味道會隨季節改變，食譜分量也不一定能代表每個人的口味，所以建議煮好之前必須試味才做最後調整。

注意事項

❶ 儲存的容器必須先洗乾淨和消毒，不能有油或水在器皿內。

❷ 入樽時油的分量必須蓋過食材，才能夠延長保存期限。

❸ 很多醬料顏色很相似，最好貼上標籤，註明醬料名稱和日期。

❹ 食譜內用來量度分量的碗是指一般住家用的飯碗。

巴生肉骨茶。

Klang Bak Kut Teh (Herbal pork rib soup)

肉骨茶的前世今生

馬來西亞雪蘭莪州有個地方叫巴生（Klang），是肉骨茶的發源地。

因為外婆和舅舅們都住在巴生，我的童年有一半時間都是在那裏度過。在巴生除了有親人的好菜，不能錯過當然是肉骨茶（閩南語 Bak Kut Teh）。以中藥、香料、豬肉經過長時間熬煮而成的肉湯，配上白飯，是當地人最常吃的早餐，之後更慢慢演變成為全天候的美食。

當年來自福建的李文地在巴生開店，賣中藥熬成肉骨湯，據聞是馬來西亞第一家肉骨茶，久而久之食客都叫他肉骨地，正好是福建話中的「地」和「茶」發音相似，這就是肉骨茶之名由此而來。

來到今天，巴生橋底肉骨茶的掌舵人已是第三代，不變的是他們的肉骨茶依然足料，豬肉不同部位都有不同的熬煮時間，藥材味濃郁，肉味更佳。第三代傳人李傳德說。他們的肉骨茶必須放豬腳，膠質才能讓湯底味道濃郁，也把各種材料融合一起。

店裏每張桌上都有現泡的功夫茶，即使配上五花肉也不怕有膩感。

往後，肉骨茶衍生出多個版本，新加坡以胡椒味濃郁為主，也有無湯瓦煲乾肉骨茶，各顯各家本領。

而我的自家食譜就是由多種藥材、香料熬成的傳統家鄉味道。喝一碗補血氣的肉骨茶，出一身汗，一整天都會元氣滿滿！更適合手腳冰冷、氣虛血弱的人食用。

攝於橋底肉骨茶餐廳。

/ 肉骨湯材料 /

蒜頭 3 個
一字排 2 斤
豬腳 1 隻（斬件）

/ 香料 /

花椒 1 茶匙
白胡椒粒 1 湯匙
桂皮 1 塊
丁香 2 粒
八角 1 粒
小茴香 1/2 茶匙

/ 藥材料 /

當歸 20 克
玉竹 10 片
黨參 1/2 條
熟地 20 克
甘草 1 片
川芎 1 片
黃芪 4 片

/ 調味料 /

黑豉油 1 湯匙
生抽 1 湯匙
蠔油 1 湯匙
白胡椒粉 1 茶匙

/ 配料（依個人喜好配搭）/

豆卜 10 個（切半）
生菜半斤
金針菇 1 包（約 160 克）
油炸鬼 1 條（切件）

/ 做法 /

1. 肉類飛水 10 分鐘，洗淨，瀝乾水分，備用。
2. 乾鑊烘香香料，藥材洗乾淨，分別放入兩個湯袋，綁好備用。
3. 蒜頭清洗乾淨，備用。
4. 煮滾 3 公升水，加入所有材料，小火煲 45 分鐘，先取出藥材和香料袋。
5. 慢火再煮 1 小時，或煮至肉類出味。
6. 加入調味料略煮，下金針菇和豆卜，再煮 15 分鐘，即可伴生菜及油炸鬼享用。
7. 預備少許蒜蓉、黑豉油、指天椒粒及麻油適量，用來蘸肉一流。

巴生肉骨茶創辦人李文地的第三代傳人李傳德先生。

美味秘訣

❶ 建議用來打邊爐做湯底，再搭配喜歡的配料，深受香港人喜歡。

❷ 如果喜歡湯底清徹，可以不加入熟地。

❸ 肉類每個部位烹調時間不一樣，要稍微調整。

香蘭戚風蛋糕。
Pandan chiffon cake

/ 材料 A /

斑蘭葉濃縮汁 30 克
（製法參考 p.123）
蛋黃 6 隻
菜油 100 克
牛奶 30 克
砂糖 50 克
鹽 1 茶匙
低筋麵粉 110 克

/ 材料 B /

蛋白 6 隻
細砂糖 90 克
塔塔粉 / 檸檬汁 1/2 茶匙

/ 用具 /

8 吋戚風蛋糕模

/ 做法 /

1. 焗爐預熱 150℃。
2. 蛋黃加入砂糖、鹽，攪拌至糖溶化。
3. 加入菜油，攪拌 1 分鐘。
4. 加入麵粉，攪拌 2 分鐘至看不到顆粒為止。
5. 倒入斑蘭葉濃縮汁及牛奶，攪拌成順滑的糊狀待用。
6. 蛋白拂打 1 分鐘，分三次加入砂糖，拌入塔塔粉或檸檬汁打至蛋白成硬性發泡（9 成發）。
7. 先將一大勺蛋黃糊加入蛋白霜內拌勻，之後分兩次將餘下的蛋白霜加入蛋黃糊。
8. 蛋糕糊倒入蛋糕模，輕敲模具兩次，用竹籤在麵糊四周轉一圈，消除大氣泡。
9. 放入焗爐焗 50 分鐘。
10. 出爐時大力敲打模具兩次，逼出熱氣，馬上倒扣，放涼 1 小時後脫模。

如果喜歡椰漿味，可以減少10克牛奶替換椰奶。

去片

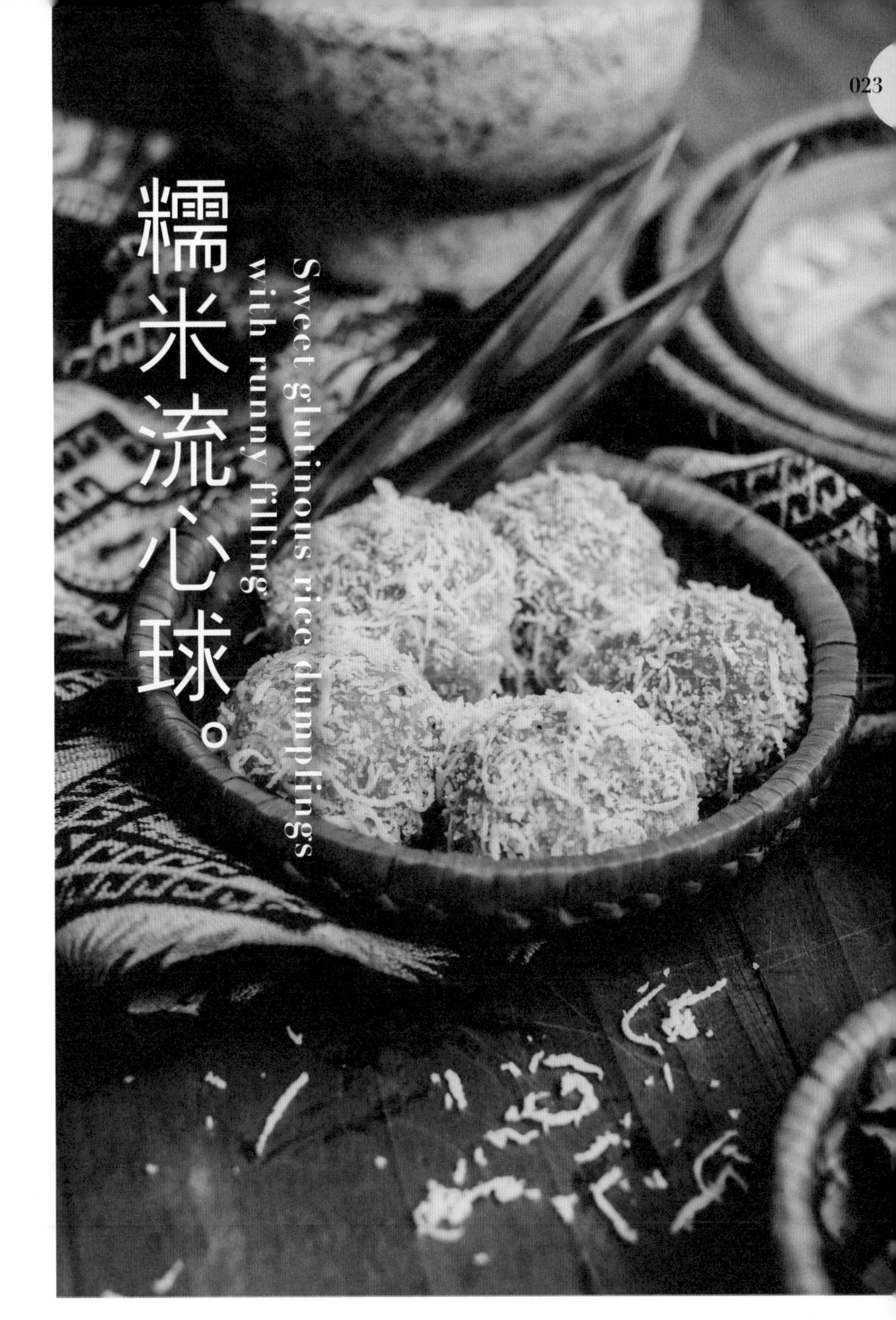

糯米流心球。

Sweet glutinous rice dumplings with runny filling

堅持．愛心．巧手．親手製作

第一次吃這個糯米球，是小時候有位阿姨來我家門口兜售她親自製作的糯米球，她很溫柔又帶點不好意思問我：「小妹妹，幫襯我買點糯米球啦，是我親手製作，很新鮮美味。」

她掀開那塊用布遮住的糯米球，沾滿新鮮椰絲的小球，圓圓的很可愛。我也爽快地買了幾顆來試試！當我咬下第一口，有種驚為天人的美味，糯米皮軟糯，椰絲帶點鹹味，香濃焦糖卻不太甜的椰糖漿在口裏爆發。我趕緊打開門找那位阿姨，她已不知去向了，之後再也沒有出現過。

馬來西亞有很多巧手的婦女，他們製作的食品都是真材實料，價格也便宜，工序非常繁複。我們的人民真的很有口福！

/ 材料 /

新鮮椰絲 100 克
斑蘭葉 1 束
鹽少許
糯米粉 120 克
木薯粉 30 克
椰糖 150 克（切碎）
斑蘭濃縮汁 30 克（製法參考 p.123）
水 80 毫升
砂糖適量

/ 做法 /

1. 新鮮椰絲加少許鹽，用斑蘭葉捲好，一起蒸 10 分鐘，冷卻備用。
2. 煮滾清水，加入砂糖煮溶。
3. 糯米粉和木薯粉混合，加入斑蘭濃縮汁，逐漸加入熱糖水，搓成粉糰。
4. 粉糰分成每 20 克一份，釀入椰糖碎，搓成球。
5. 水煮滾，放入糯米球，浮起後再煮 2 分鐘。
6. 撈出，沾上新鮮椰絲即可。

❶ 糯米皮可以加入番薯蓉、南瓜蓉或芋頭蓉，做成不同口味。

❷ 餡料也可以用紅豆、奶黃、黑芝麻或朱古力等代替椰糖。

【炸糯米球】

做法一樣，只需要將100毫升水加入1湯匙糯米粉拌勻，把糯米球沾一沾糯米水，再沾滿白芝麻，燒熱油轉小火，慢慢炸至金黃色即可。

椰糖西米布丁。

Palm sugar sago pudding

這是娘惹料理非常有名的甜品，製作簡單，煮好的西米做成布丁，放入雪櫃冷藏4小時，要食用前才淋上濃郁的椰糖漿、椰奶和淡奶，夏天時食用非常舒暢！

/ 材料 /

西米 100 克
花奶 100 毫升
椰漿 100 毫升
椰糖 100 克（切碎）
水 70 毫升
斑蘭葉 1 束
鹽少許
煮西米露清水 1.5 公升

/ 用具 /

模具或飯碗 4 個
油適量
塗油掃 1 把

/ 做法 /

1. 準備一鍋滾水，放入西米用中火煮 15 分鐘，加蓋再焗 15 分鐘至全部透明。
2. 撈起西米，瀝乾水分，備用。
3. 碗內塗上薄薄一層油，放入西米壓實，冷藏 2 至 4 小時。
4. 椰漿加入少許鹽，用小火煮 5 分鐘，備用。
5. 椰糖碎加入水、斑蘭葉，用中火煮成糖漿，需時 10 分鐘。
6. 將西米倒扣碟內，淋上適量椰漿、花奶及糖漿即可。

金桔話梅冰。

Plum-scented calamansi drink

/ 材料 /

金桔 10 粒
話梅 2 顆
水 500 毫升
糖漿適量
冰塊適量

/ 做法 /

1. 用果汁攪拌機，將金桔和水混合打成汁。
2. 加入適量糖漿、話梅和冰塊即可。

【雪梨金桔話梅蜜茶】

跟以上做法一樣，加入雪梨1個打成汁，以蜜糖代替糖漿即可。金桔需要連皮和籽一起打碎才有正宗的風味。

馬來盞油封鴨。

Duck confit with belacan

/ 材料 /

鴨腿 3 隻
馬來盞 20 克
砂糖 1 茶匙
黑胡椒 1 茶匙
乾葱頭 4 個（拍扁）
香茅 1 條（拍扁）
檸檬葉 1 片（撕開）
蒜頭 2 粒
鹽 1 茶匙
鴨油 500 毫升（或足夠覆蓋鴨肉）

/ 藍莓醬 /

無鹽牛油 20 克
藍莓 125 克
冰糖 40 克
檸檬汁 10 克

/ 配料 /

法式酸重麵包 1 片
青瓜 1/4 條（切片）

美味秘訣

如鴨腿吃不完，可連同鴨油一起放進冰櫃，三個月內食用皆可。

/ 油封鴨腿做法 /

1. 鴨腿洗淨，抹乾水分；所有材料混合均勻（鴨油除外），醃鴨腿一晚。
2. 翌日，倒入鴨油，必須蓋過整個鴨腿，用錫紙蓋好鴨腿盤，放入已預熱焗爐，用 150℃焗 2 小時。
3. 鴨腿取出，用中火煎至金黃色即可。

/ 藍莓醬做法 /

藍莓、冰糖和檸檬汁放於小鍋，用小火煮 15 分鐘，再轉大火煮 5 分鐘，期間不停攪拌，最後加入牛油拌勻即可。

/ 裝飾 /

鴨腿置於碟上，酸重麵包及青瓜片伴碟，最後淋上藍莓醬伴鴨腿享用。

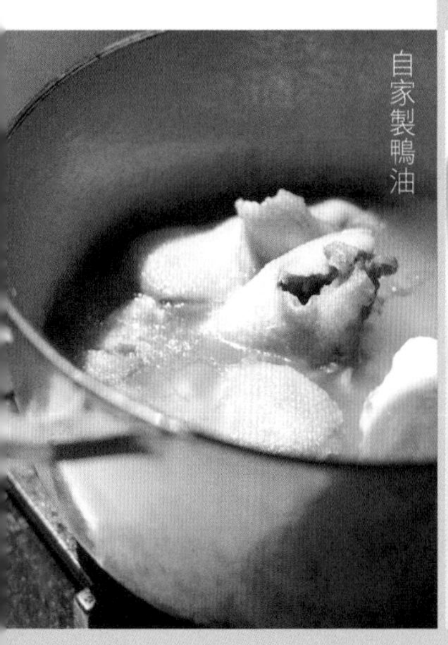

自家製鴨油

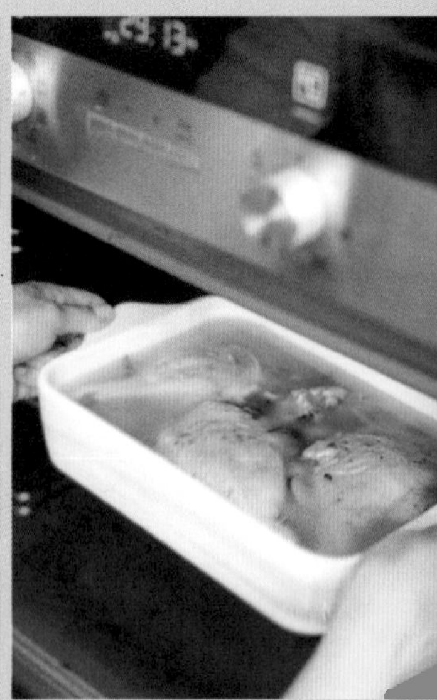

櫻花蝦金香醬炒蜆配韓國年糕。

Stir-fried clams in lemongrass dried shrimp sauce with Korean rice cake

/ 材料 /

蜆肉 100 克
韓國年糕 200 克
京蔥 1 條（切段）

/ 調味料 A /

咖喱粉 1 湯匙
黑醬油 1 湯匙
蠔油 1 湯匙
砂糖 1 茶匙

/ 調味料 B /

黑醬油 1 湯匙
蠔油 1 湯匙
水 2 湯匙

/ 金香醬材料 /

蝦米 50 克
蒜頭 3 粒（切碎）
乾葱頭 3 個（切碎）
櫻花蝦 10 克
香茅 1/2 條（切碎）
指天椒 1 條
咖喱葉 1 克

/ 金香醬做法 /

燒熱油，加入蒜蓉、乾葱、香茅和蝦米爆香，放入指天椒和咖喱葉輕微略炒，拌入所有調味料 A 不停翻炒 1 分鐘，最後下櫻花蝦拌匀備用。

/ 做法 /

1. 水煮滾，放入年糕煮軟，盛起備用。
2. 燒熱鍋，加入金香醬 3 湯匙炒開，下蜆肉炒熟，加入年糕和京葱炒 3 分鐘，最後加入調味料 B 炒匀，加蓋焗煮 3 分鐘至收汁即可。

美味秘訣

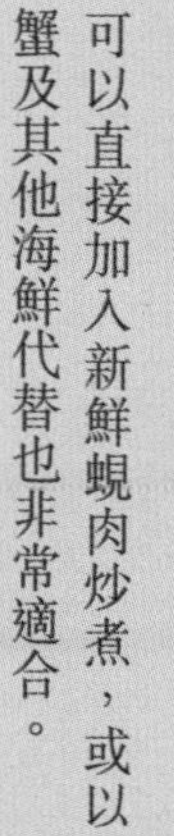

可以直接加入新鮮蜆肉炒煮，或以蟹及其他海鮮代替也非常適合。

參巴肉乾。

Pork jerky with Sambal

/ 材料 /

免治豬肉（半肥瘦）600 克

/ 醃料 /

砂糖 50 克
魚露 1 湯匙
黑醬油 1 湯匙
參巴醬 2 湯匙
生粉 1 湯匙
鹽 1 茶匙
胡椒粉 1 茶匙
紹興酒 1 湯匙

/ 塗面料 /

蜜糖 1 湯匙（與水 1/2 湯匙混合）

/ 做法 /

1. 免治豬肉和醃料充分拌勻，放入雪櫃冷藏 30 分鐘。
2. 預熱焗爐 180℃；預備一個 20cm X 20cm 方形烤盤，塗油或鋪上烘焙紙。
3. 將肉餡均勻鋪平烤盤內，厚度以約 3cm 最佳，放入焗爐焗 30 分鐘。
4. 肉乾取出，切件，塗上一層蜜糖水，放於平底鍋煎香，期間可輕塗 2-3 次蜜糖水。

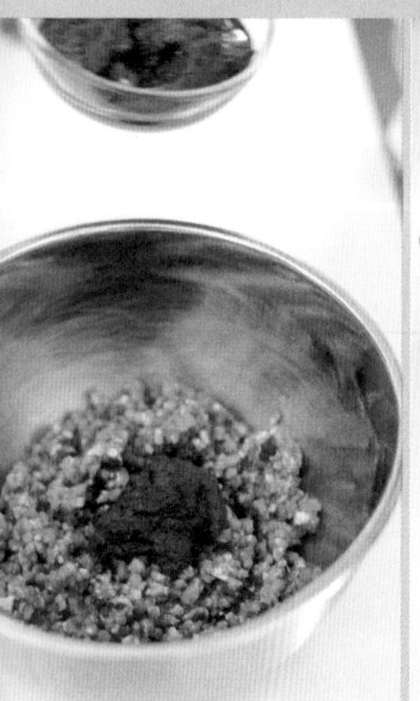

❶ 自家焗製肉乾，肥與瘦的比例可自己調整，較肥的口感當然更軟腍。

❷ 在豬仔包塗上牛油焗 3 分鐘，夾上一片肉乾、幾片青瓜，再加少許肉鬆，擠點番茄醬，就是我小時候的「肉乾肉鬆包」。

斑蘭巴斯克芝士蛋糕。

Pandan Basque cheesecake

/ 材料 /

忌廉芝士 500 克
砂糖 160 克
雞蛋 4 隻
蛋黃 2 隻
椰漿 100 克
鮮忌廉 140 克
斑蘭濃縮汁 10 克（參考 p.123）
低筋麵粉 20 克

/ 做法 /

1. 預備直徑 6 吋的圓形模具，放入烘焙紙；預熱焗爐 220℃。
2. 忌廉芝士用打蛋機以低速攪拌 3 分鐘，放入砂糖繼續拂打 2 分鐘，分三次加入雞蛋，繼續攪拌 2 分鐘至完全融合。
3. 陸續加入椰漿、鮮忌廉及斑蘭濃縮汁，繼續攪拌至完全融合。
4. 低筋麵粉過篩，撒在芝士糊並攪拌至完全融合，過篩後放入烤模內。
5. 放入焗爐以 220℃焗 30 分鐘，取出冷卻，包好保鮮紙入雪櫃冷藏一夜即可。

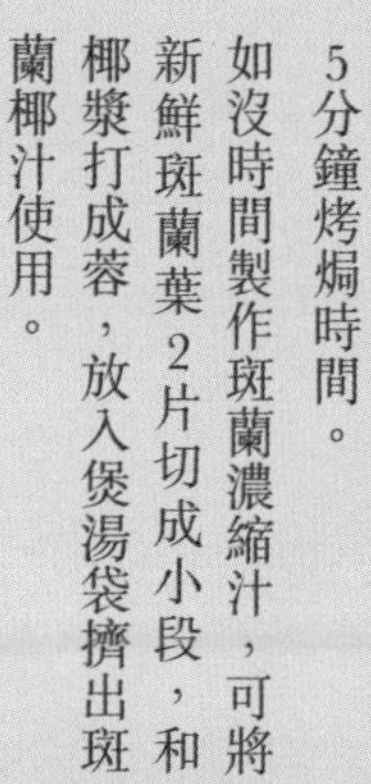

美味秘訣

❶ 如喜歡流心的效果，建議減少5分鐘烤焗時間。

❷ 如沒時間製作斑蘭濃縮汁，可將新鮮斑蘭葉2片切成小段，和椰漿打成蓉，放入煲湯袋擠出斑蘭椰汁使用。

仁當牛肉批。
Beef Rending pie

* 預備直徑 7 吋批模

/ 批皮材料 /
低筋麵粉 200 克
冷凍無鹽牛油 100 克（切小塊）
雞蛋 1 隻（拂打）
鹽少許
水 1 湯匙（視乎麵糰情況）

/ 餡料 /
牛肉碎 150 克
洋葱 1/2 個（切碎）
馬鈴薯 1 個
仁當醬 3 湯匙（參考 p.103）
麵粉 1 湯匙

/ 塗面料 /
蛋黃 1 隻（與水 1 茶匙混合）

/ 餡料做法 /

1. 馬鈴薯煮軟，切粒備用。
2. 燒熱油，放入洋葱碎、仁當醬炒香，加入牛肉碎炒香，拌入馬鈴薯粒和麵粉炒至醬汁完全吸收。
3. 煮好的餡料待涼，放入雪櫃冷藏 1 小時後使用。

/ 批皮做法 /

1. 在直徑 7 吋的批模塗上薄薄的牛油，撒少許乾粉，冷藏備用。
2. 將低筋麵粉、鹽和冷凍牛油用手或機器混合均勻，加入蛋液及水搓成麵糰，用保鮮紙包好，冷藏 10 分鐘。
3. 在擀麵棒及工作桌面撒少許乾粉，將麵糰擀成 4mm 厚度，鋪在批模，修剪好麵糰。
4. 在麵糰表面用叉子均勻地戳數下，鋪上烘焙紙及烘焙豆，放入焗爐焗 15 分鐘定型，取出烘焙紙和烘焙豆。
5. 鋪入餡料，再鋪上層餅皮，修剪妥當，在中間戳一個小洞。
6. 蛋液塗勻批面，用小刀輕輕劃出花紋；焗爐預熱 180°C，放入焗爐焗 25-30 分鐘或麵皮呈金黃，待涼 15 分鐘，切件食用。

美味秘訣

❶ 餡料必須炒乾一點，不宜太多醬汁，以免完成後的牛肉批餅太濕。

❷ 餡料可加入一顆切粒的熟雞蛋、冷凍雜豆等，也可依個人喜好變更。

❸ 如家裏沒有烘焙豆，可以任何豆類或白米代替，用以控制批皮的平整度。

❹ 如想烘焙好的批皮更堅固，可塗上一層蛋液，放入爐焗10分鐘。

CHAPTER 1

醬料・肉類

客家媽媽的巧手好菜

Homestyle classics by my Hakkanese mom

“

我的母親是一位「型媽」。她喜歡閱讀、畫畫，更愛大海，和阿姨兩個人在馬來西亞環島遊、玩浮潛、釣魚，近年還學會用手機拍攝、錄影，自己剪輯放上網絡平台分享。

從前在海外工作的日子，一句英文、越南話也不會的她，為了我即使人生路不熟，也可以一個人去街市買菜。就是這樣一位寵愛我但又從不給我壓力的母親，讓我能夠自由自在地成長。母親也是我最好的聆聽者。

從小到大，我很少看得到她發脾氣。再複雜的事情在她眼裏都變得簡單。當我遇到任何人生問題，我就會打給她，發發牢騷。而往往母親只用幾句話就能讓我釋懷。

在她的身上我學會簡單、珍惜、感恩地生活。說到美食，我們是心有靈犀的。

在家，她準備我喜歡的菜式；外出，我會幫她點菜。近年來輪到我給母親親自下廚，因為女兒長大了，是倒過來照顧媽媽的時候。

親愛的媽媽在 2023 年離開了我們。
無限懷念，我愛您。

老媽子蘸醬。

Mom's signature dip

母親首次買食譜就是來自香港神級廚神「方太」，她試做了白菜肉卷和番茄肉碎配雞蛋，我們都讚不絕口，結果換來連續三天都煮一樣菜餚的結果，我終於開口說悶，卻傷了母親的心。

母親的拿手好菜就是白切雞，比起白切雞，她自創的蘸醬更出色，我們幾兄妹都會用蘸醬來「送」雞肉食用。每次從海外回家團聚，媽媽都是獨沽一味烹調白切雞，我們口頭上雖說悶，但卻每次碟碟清！因為老媽子蘸醬確實美味。

現在身為母親的我，當然更加體會「家庭煮婦」的煩惱了。老土的一句話：「珍惜！」

/ 材料 /

乾葱頭 10 個（切薄片）
蒜頭 1/2 個（切薄片）
芫茜 1 束（切碎）
葱 1 束（切粒）
豉油 100 毫升
炸葱油 200 毫升

/ 做法 /

1. 乾葱頭必須切得均勻，取 5 粒分量先用風扇吹約 1 小時至乾身。
2. 炸油的分量剛剛蓋過乾葱片，冷油下乾葱片，用中火不停攪拌，期間不要隨意調整火的溫度。
3. 見乾葱接近金黃色時立刻撈出，隔油，炸乾葱待涼備用。
4. 將其他材料混合，淋上豉油和葱油即可。

美味秘訣

如果不喜歡生蒜和乾葱的味道，可以略煎一下；但我就是愛那股辛辣味！

木耳冬菇肉碎醬。

Wood ear and mushroom ground pork sauce

/ 材料 A /
豬肉碎半斤

/ 材料 B /
乾葱頭 6 個（切碎）
薑 2 片
蝦米 50 克（浸軟，切碎）
木耳 5 朵（浸軟，切絲）
冬菇 10 朵（浸軟，切絲）

/ 調味料 /
蠔油 1 湯匙
豉油 1/2 湯匙
黑豉油 1/2 湯匙
麻油 1 湯匙
白胡椒粉 1 茶匙
紹興酒 1 湯匙
生粉水 1 湯匙

/ 做法 /

1. 豬肉碎用白胡椒粉、豉油、紹興酒、麻油及生粉調味。
2. 用中火炒香乾葱碎、蝦米和薑片，倒入豬肉一起拌炒。
3. 加入冬菇、蠔油、黑豉油和木耳絲，炒勻後倒入水，水的分量剛好蓋過材料。
4. 燜煮大約 20 分鐘，用生粉水調整濃稠度即可。

日常變化

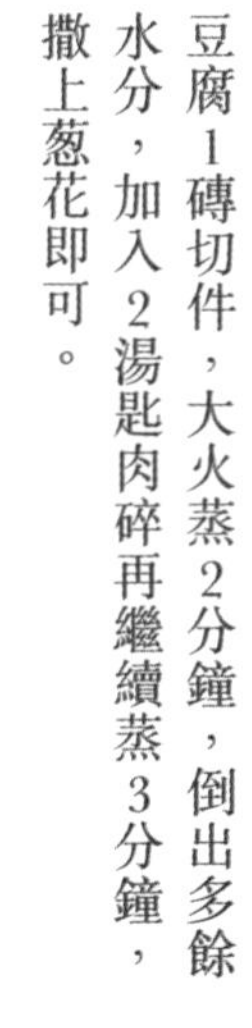

【木耳冬菇肉碎蒸豆腐】

豆腐1磚切件，大火蒸2分鐘，倒出多餘水分，加入2湯匙肉碎再繼續蒸3分鐘，撒上葱花即可。

【木耳冬菇肉碎粉麵】

任何粉麵煮軟，瀝乾水分，加入木耳冬菇肉碎醬，再放少許葱油拌勻即可。

木耳冬菇肉碎醬。

客家油浸板麵。

Hakkanese Pan Mee

（木耳冬菇肉碎醬）

如果這個世界上只可以選一道食物，您會選哪一道？

我會毫不猶豫的答，我們家的「客家板麵」。

從小母親就傳授我板麵的美味秘訣，她說必須教會我這道美食，傳承了很多故事和愛，從我們三兄妹一起成長的時光，板麵帶給我們多少溫馨時光。

從搓麵糰開始，熬湯、準備配料到完成，每一個細節都是滿滿心機。通常我會分開兩日來準備，才不會太辛苦。

我孩子會叫碗板麵為「婆婆板麵」，孩子們非常期待我煮給他們品嘗，尤如小時我們期待母親煮給我們那樣。希望您們也會喜歡，相信我，煮過吃過是很有滿足感。

/ 湯底材料 /

豬骨 2 斤
醃大頭菜（沖菜）2 卷
江魚仔 300 克
沙葛 1 個約 500 克（切塊）
洋葱 1 個（切塊）
白胡椒 1 茶匙

/ 做法 /

1. 豬骨飛水 5 分鐘，洗淨，備用。
2. 大頭菜浸泡 30 分鐘，洗淨，備用。
3. 江魚仔洗淨，瀝乾水分，用中火煎香。
4. 趁熱加入 3 公升水，轉大火，煮約 10 分鐘，成奶白色魚湯。
5. 加入豬骨、沙葛、洋葱和大頭菜。
6. 煮滾後轉小火，期間撈出浮面的油，熬煮 90 分鐘即可。

❶ 如果買不到江魚仔，可用鯽魚代替，加入一片薑煎香滾湯，撈出魚骨即可添加其他材料一起煲。

❷ 江魚仔和大頭菜本身鹽分不少，記得先試味才決定調味分量。

/ 板麵材料 /

高筋麵粉 1 斤
雞蛋 1 隻
鹽 1 茶匙
植物油 1 湯匙（搓麵糰用）
植物油 100 毫升（抹麵糰用）
溫水 350 毫升

/ 配菜 /

炸乾葱適量
炸江魚仔適量
木耳冬菇肉碎醬（參考 p.50）
樹菜 / 其他蔬菜

/ 炸江魚仔做法 /

1. 先將江魚仔浸泡 15 分鐘，瀝乾水分，最好風乾半小時。
2. 熱油的分量必須蓋過食材，油熱放入江魚仔炸至金黃色，即可撈出瀝乾油分。
3. 建議不要一次過倒入所有分量，以確保油溫保持溫度，最好分三次炸香。

/ 麵糰做法 /

1. 麵粉放於桌面，中間開一穴，加入雞蛋、鹽、油 1 湯匙。
2. 慢慢加入溫水，邊倒水邊用手混合麵粉，將材料慢慢拌勻，如太乾可用手沾點水繼續將麵粉搓成形。
3. 粉糰成形後用力搓成麵糰，需時約 10 分鐘，至麵糰表面光滑。
4. 蓋上濕布，靜止 1 小時。
5. 先搓 2 分鐘，再分成 12 個小麵糰，每個掃上油，放入大碗內，蓋上保鮮紙，備用。

攝於 2019 年，母親與我一起搓板麵的畫面。

/ 煮麵 /

1. 倒入適量的豬骨湯，煮滾後轉小火，加入樹菜。
2. 手掌蘸點油，把麵糰壓扁，用拇指和食指將麵糰拉壓成薄片，撕成一塊塊放入湯內，煮至麵片熟透，烹調時間以麵片的厚薄而定。
3. 上桌時，加入 2 湯匙木耳冬菇肉碎醬、炸乾葱、炸江魚仔和辣椒醬一起吃。

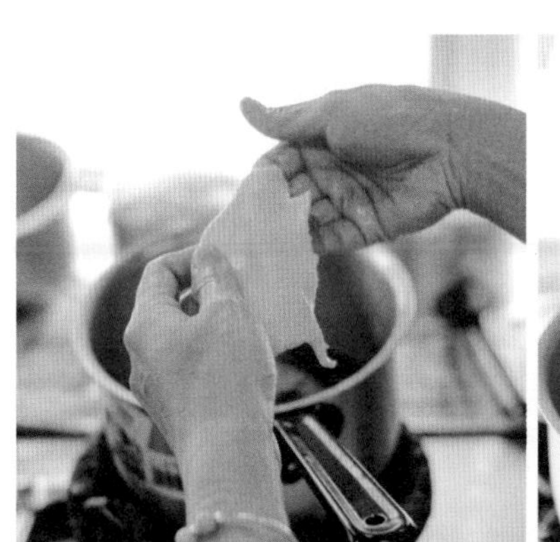

❶ 板麵要吃的時候才手撕麵糰，新鮮最好吃。

❷ 吃不完的麵糰，淋上少許油用保鮮紙包裹好，放入雪櫃，食用前室溫解凍半小時即可。

❸ 可以使用麵條機器壓出麵，不需要放油，用乾粉代替即可。

❹ 配料可以隨意搭配，例如煎釀三寶、苦瓜、蝦肉、肉丸、雲吞或水餃都適合。

豬油渣香葱乾撈醬。

Pork crackling and spring onion sauce

豬油渣香葱乾撈麵，是非常普遍的美食，特別是在客家村裏。家庭製作的話，會常備豬油渣、炸葱油和乾葱酥，可以隨時煮出撈麵品嘗。

/ 材料 /

幼麵 1 個

炸乾葱酥 1 湯匙

青葱 1 束（切粒）

豬油渣 100 克

/ 調味料 /

黑豉油 1 湯匙

豉油 1 湯匙

蠔油 2 湯匙

炸乾葱油 1 湯匙

水 1 湯匙

/ 做法 /

1. 將所有調味料混合，煮滾，熄火備用。
2. 預備一大鍋滾水，把麵條弄散，放入麵條用筷子快速不停弄散麵條，約 8 秒，撈起過冷河，重複 2 次，瀝乾水分。
3. 加入調味料拌勻，再加入炸乾葱酥、青葱和豬油渣。

海南雞飯辣椒醬。

Chilli sauce for Hainanese chicken rice

我美麗的外婆，生於馬來西亞的戰亂年代。待至和平時代來臨，她就開始做起小販來。每天凌晨擔起擔子，逐家逐戶叫賣，中午回家又開始預備明天的食材，很不容易才養大11個孩子。

記憶中的外婆很溫柔，臉上常掛着微笑，甚麼都説好。她有雙巧手，甚麼都會煮，茶粿、腸粉、老鼠粉、海南雞飯等等，她都做得非常美味，別忘了那個年代沒有上網食譜參考。

外婆外公退休之後，開了一家非常大的茶餐廳，樓上兩層自己居住，樓下分出幾個獨立檔口分租給其他人，茶水自己負責，販賣炭燒加央多士、生熟雞蛋，下午茶時候還有炸雞翼，非常受歡迎。

每個星期，母親帶着我們三兄妹，轉五輪趟車才到外婆家，雖辛苦但外婆外公很疼愛我們，記得外婆最愛叫我幫她按摩，每次獎賞我錢，我就帶着表兄妹們一起買零食。

童年這段日子，對我而言非常珍貴。

【海南雞飯辣椒醬】

/ 辣椒醬材料 /

紅辣椒 5 隻
指天椒 2 隻
蒜頭 6 粒
薑 1 小塊
金桔汁 2 湯匙
金桔皮 4 塊
砂糖 3 湯匙
鹽 1 茶匙
雞湯 5 湯匙

/ 做法 /

1. 所有材料打成蓉，加入砂糖及鹽調味即可。
2. 入樽後，放入雪櫃存放可保存 1 個月。

【海南雞飯薑蓉】

/ 材料 /

薑蓉 300 克
蒜蓉 4 粒
葱白 1/2 碗（切碎）
白胡椒粉 1/2 茶匙
鹽 1 茶匙
熱油適量

/ 做法 /

1. 薑蓉、蒜蓉、葱白混合。
2. 撒上白胡椒粉和鹽。
3. 油燒熱至冒煙，淋在薑蓉即可。

【雞油飯】

/ 材料 /

白米 3 杯
焓雞湯適量
雞膏適量
斑蘭葉 1 條（打結）
黃薑 2 片
乾葱頭 2 個（切碎）
薑 1 塊（拍扁）

/ 做法 /

1. 雞膏煎出油約 3 湯匙，下乾葱及薑片爆香。
2. 放入米拌炒均勻至米吸收雞油。
3. 將米飯放入電飯煲，倒入適量雞湯，跟黃薑和斑蘭葉一起煮熟即可。

美

❶ 每次煮海南雞飯必須預備一大碗雞油，可以叫雞販給你雞油膏，用小火煎出雞油備用。

❷ 如買不到黃薑，可用黃薑粉代替。

【海南雞】

/ 材料 /

全雞 1 隻（約 1.5 公斤）
斑蘭葉 2 束（捲好）
乾葱頭 4 個（拍扁）
薑 1 塊（拍扁）
水（分量必須蓋過雞）
冰水適量

/ 做法 /

1. 雞膏煎至出油，下乾葱和薑片煎香，加入雞內臟炒勻，加水煮滾。
2. 拿一個鐵勾或麻繩吊起雞頸，浸入湯內，把熱水倒入雞腔川燙三次，讓雞腔內外溫度一致。
3. 雞放回湯內，湯分量剛好蓋過雞，水滾後熄火，打開蓋子，浸泡 35 至 45 分鐘（時間視乎雞的大小而決定）。
4. 用筷子戳入雞髀部分檢查是否熟透，將雞肉浸泡冰水約 15 分鐘，瀝乾水分，切件享用。

❶ 雞肉醬汁：豉油2湯匙，老抽1茶匙，雞湯2湯匙，麻油半湯匙，所有材料煮滾即可。

❷ 煮雞的湯，可以加入白蘿蔔煲成湯。

客家五香南乳炸豬肉。

Hakkanese deep-fried pork belly with five-spice and tarocurd

（南乳醃肉調味汁）

/ 材料 /

五花腩 3 條

/ 醃料 /

乾葱頭 6 個（榨汁）
薑汁 1 湯匙
五香粉 2 茶匙
南乳 2 塊
紹興酒 1 湯匙
豉油 1 湯匙
蠔油 2 湯匙
砂糖 1 茶匙
鹽 1 茶匙

/ 炸粉 /

麵粉 200 克
雞蛋 1 隻

有人說客家女人特別勤力，小時候，家對面有塊空地，我嫲嫲可以在短時間內整理好那裏的土地，開始耕種有機蔬菜，真心佩服她老人家的毅力和體力。

嫲嫲是典型客家女人，刻苦耐勞，年輕時就是經歷很多苦難但依然非常堅強的人。她常常和我們分享當年面對的困境，輕描淡寫，好像說着別人故事那樣。

她烹調的菜餚都是非常經典，特別是這道炸豬肉或燜豬肉，又香口又「好送飯」，每次她特地炸多一盤餵飽我們這班孫兒們，不然我們也會偷吃她剛剛炸好的豬肉。

/ 做法 /

1. 五花腩切成小塊，混和醃料，放入雞蛋和麵粉拌勻，醃製過夜。
2. 大火燒熱油，轉小火放入豬肉，慢慢炸至熟透，撈起，瀝乾油分，冷卻。
3. 豬肉第二次高溫回鍋，炸至金黃色即可。

美味秘訣

榨汁後剩下的乾葱和薑蓉可以保留，炒香後加入同等醃汁，慢火煮至濃稠即可入樽，隨時拿出來醃製雞、乳鴿及豬腳等食材。

日常變化

雲耳、冬菇、金針、粉絲及腐皮分別浸軟備用。豆腐1磚切件，豆卜3件，黃芽白切絲，白果10粒，薑絲少許爆香。放入所有材料，加入醃料醬汁燜煮20分鐘。因環保關係，盡量不選用髮菜。

客家瓦煲燜豬肉。

Hakkanese braised pork belly in clay pot

（南乳醃肉調味汁）

/ 材料 /

客家炸豬肉 1 份（做法參考 p.65）
木耳 10 塊（浸軟）
蒜蓉 1 湯匙
乾葱蓉 1 湯匙

/ 調味料 /

五香粉 1/2 湯匙
南乳 2 塊
紹興酒 1 湯匙
豉油 1 湯匙
蠔油 1 湯匙
砂糖 1 湯匙
鹽 1 茶匙
黑豉油 1/2 湯匙
水 2 碗

/ 做法 /

1. 燒熱油，爆香蒜蓉和乾葱蓉，放入木耳和炸豬肉，繼續拌炒 1 分鐘。
2. 放入調味料和水，用小火燜煮 1 小時即可。

客家五香扣肉。

Hakkanese five-spice braised pork belly with taro

（客家五香調味汁）

馬來西亞士毛月這個華人小鎮，有家著名老字號中藥店「昌興」，他們出品的五香粉非常有名。八角、桂皮味特別濃郁，深受當地人喜愛，漸漸成為必買的伴手禮之一。而在客家料理，五香粉一直扮演畫龍點睛的角色！

我的老友鐘國樑，客家人，是「昌興」的第三代，他母親和我一見如故，親自傳授她獨門秘方「客家五香扣肉」，這次膽粗粗和伯母切磋廚藝，不亦樂乎。

他們的家就是前鋪後居，傳統的南洋華人建築，長長的走廊，天窗很透光，能夠和伯母、老友一起在這麼美麗的地方用餐，真幸福！

/ 材料 /

五花腩 3 斤
芋頭 1 個
乾葱頭 8 個（切碎）
蒜頭 4 粒（切碎）
紅棗 6 粒（去核，切碎）
陳皮 1 塊（刮內瓤，切碎）
薑 1 塊（切碎）
青葱適量（切粒）
上湯 / 清水 500 毫升

/ 調味料 /

五香粉 1 湯匙
白胡椒粉 1 茶匙
南乳 4 塊
玫瑰露 1 湯匙
南乳汁 1 湯匙
蠔油 2 湯匙
豉油 1 湯匙
砂糖 1 湯匙

/ 做法 /

1. 調味料混合，備用。
2. 五花腩飛水 5 分鐘，抹乾水分，在外皮塗上薄薄一層老抽，備用。
3. 豬肉和調味料混合醃 4 小時，用叉子在皮上刺孔，隔夜更入味。
4. 芋頭切片（約 1 吋厚），薄薄抹上五香粉。
5. 燒熱油，用小火炸芋頭至金黃色，盛起備用。
6. 豬皮向下放入鑊，用炸芋頭的油炸至金黃色，炸好的豬肉立刻放入冷水浸 10 分鐘，抹乾水分，切成 1 吋厚肉塊。
7. 蒜蓉、薑蓉和乾葱蓉炒香，加入醃肉醬汁煮滾，放入上湯煮 5 分鐘。
8. 大碗內相間地排上芋塊和五花腩，淋上煮好的醬汁，加蓋，大火蒸 2 小時，蒸好後倒扣碟上，撒上葱花即可。

日常變化

豬腳斬件，飛水；蒜、薑和葱炒香，加入「五香調味汁」和水燜煮豬腳1小時即可。

美味秘訣

❶ 建議一次過預備多點醬汁，煮滾5分鐘即可食用，用來醃製乳鴿、雞翼，都非常適合。

❷ 扣肉蒸好後用保鮮紙包好，放入雪櫃隔天再蒸半小時，味道更佳。

❸ 芋頭吸水力強，建議準備多點醬汁來蒸。

美味的回憶

客家黃酒雞。

Hakkanese braised chicken in glutinous rice wine

/ 材料 /

雞 1 隻（斬件）
木耳 4 塊（浸軟、切絲）
薑絲 1/2 碗
麻油 1 湯匙
糯米酒 1 枝（750 毫升）

/ 做法 /

1. 用麻油爆香薑絲，加入木耳絲繼續拌炒。
2. 加入雞件炒勻，灒酒，轉小火燜煮 15 分鐘至雞肉熟透即可。

美味秘訣

❶ 雞酒可以加入煎雞蛋，增添鮮味。
❷ 煮雞酒最好不要加水，風味更佳。

客家人稱糯米酒為黃酒。

客家人的家裏常備的米酒，需要補充精力的時候都會用得上，也是他們養生的秘訣之一。想吃雞酒時候可以立刻煮到，非常方便。

現在依然還有很多人自己釀米酒，糯米蒸熟，酒餅弄碎均勻撒在糯米飯，預計一個月後就有米酒可以食用了。

豬腳薑。

Pork trotters and ginger in black vinegar

香港坐月時吃到的豬腳薑都是前半年預備的，把老薑烘乾，和煮滾的黑米醋浸泡在煲裏，經常翻煮，非常花心思。而且用的是甜米醋，因為和薑浸泡太久時間，相對薑味沒有那麼辣。

馬來西亞的豬腳薑做法有所不同，大部分都是現煮現吃，而且會用上子薑和老薑搭配，取子薑的爽脆，老薑的辛辣。還加入少許辣椒乾提味，用純黑米醋及本地椰糖調味，不會過甜。

椰糖有豐富的礦物質，最出名的就是來自馬六甲的椰糖。

兩個地方的烹調方法不一樣，各施各法，任君選擇。

/ 材料 /

豬腳 1 隻（切件）
老薑 1 大塊（拍扁，切厚片）
子薑 1 大塊（切薄片）
黑米醋 1 枝（750 毫升）
椰糖 200 克（切碎）
麻油 1 湯匙
辣椒乾 1 隻

/ 做法 /

1. 冷水放入豬腳，飛水煮 5 分鐘，撈起，洗淨備用。
2. 辣椒乾洗淨，備用。
3. 老薑和子薑用麻油炒香，加入豬腳、辣椒乾、黑米醋，蓋過全部食材。
4. 加入椰糖調味，加蓋，轉小火燜煮 40 分鐘即可。

美味秘訣

❶ 如想味道更濃郁，可以加入一半意大利黑醋混合本地米醋。

❷ 椰糖可用本地片糖代替，分量就依照個人喜好而調整甜度。

客家菜大多數都給人感覺比較濃味、油膩，好「送飯」、惹味的印象，例如梅菜扣肉、炸豬肉、黃酒雞等。

但是這道河婆擂茶（又名鹹茶）卻是一道清流般存在。大量蔬菜、堅果、白芝麻等材料煮成湯，再搭配五穀飯，絕對是清腸胃最佳選擇，而且可以補充體力，是最佳的養生食療。

有很多人說不太喜歡擂茶的味道，那種好像藥味、菜的青澀味道，其實是市面上某些為了謀利的商家用了加工的「擂茶菜粉」代替新鮮蔬菜，味道自然不好。

擂茶，有很多不同版本，台灣客家人會放茶葉一起煮湯，河婆版本的卻沒有放茶葉，把所有青菜略炒為了除去菜的澀味，也因此顏色可保存非常翠綠。

定期吃碗高纖擂茶不但可以幫助腸胃消化，從中醫角度來說，可防風祛寒，開胃健脾。對我而言，擂茶可以瘦身，皮膚會變好！愛美的你們，趕緊來養成食擂茶的好習慣吧！

兩位姐妹是正宗河婆客家人，客家菜在馬來西亞特別受歡迎！

河婆擂茶。

Lei Cha in He Po style (Hakkanese gruel with herbs and nuts)

河婆擂茶。

/ 材料 /

糙米飯 / 白飯 4 碗

/ 擂茶湯 /

花生碎 150 克（烘香）
白芝麻 50 克（炒香）
樹仔菜 1/2 斤
薄荷葉 1/2 斤
泰國九層塔 1/2 斤
蒜蓉 1 湯匙
清水 1 公升
鹽 1 茶匙

/ 配料 /

烤豆腐 2 磚（切粒）
豆角 15 條（切粒）
菜心 6 條（切粒）
花生碎 40 克（烘香）
白芝麻 1 湯匙（炒香）
炸蝦米碎 100 克
椰菜 1/4 個（切碎）

/ 做法 /

1. 樹仔菜、薄荷葉和九層塔用少許油，加入蒜蓉和適量水炒軟備用。
2. 將炒好的樹仔菜、薄荷葉、九層塔，與烘香花生碎、白芝麻和水打成蓉，反複攪拌 3 至 4 次至綿滑狀態，備用。
3. 豆角和菜心灼熟；烤豆腐用少許油煎至金黃色，備用。
4. 碗內盛起飯，將所有配菜均勻分配在米飯。
5. 擂茶湯煮滾 10 分鐘，如太濃稠可加少許水稀釋，最後下鹽調味。
6. 茶湯倒在菜飯上，伴着食用。

去片

美味秘訣

❶ 擂茶湯可以添加紫蘇葉、茶葉及黃豆等食材。
❷ 素食者可以取出蝦米這些食材。
❸ 香港較難找到樹仔菜，可用枸杞菜代替。

客家釀豆腐。
Hakkanese stuffed tofu

美味的回憶

母親的老友，霞妹阿姨。她是位烹飪高手，母親在她身上學了很多烹飪秘訣，也間接傳授給我，算是我半個師傅！

她從事飲食行業超過30多年，販賣「雜飯」就是香港所謂的「碟頭飯／三餸飯」。她很疼愛我，年輕的我那時候在國外工作，每次回來會先去她那裏打卡，她經常請我吃飯。

她的客家釀豆腐真的非常美味，其他的小菜也是真材實料。

很可惜，你們看到這張照片是於本書第一版2019年拍攝，如今阿姨和母親也不在人世，很感慨萬分。

祝福你們在另一個世界幸福！謝謝你們給我帶來那麼多美好的「美味回憶」。

/ 材料 /

茄子 1 條（切件）
苦瓜 1 條（切件、去籽）
腐皮 1 張
豆卜 10 粒（掏出豆腐渣）
豆腐 2 磚（分 4 件）

/ 餡料 /

鯪魚肉 1 斤
豬肉碎 1/2 斤
肥豬肉 1/2 斤（切碎）
鹹魚碎 1 湯匙
葱花 1 碗

/ 調味料 /

蠔油 2 湯匙
豉油 1 湯匙
砂糖 1 湯匙
白胡椒粉 2 茶匙
麻油 1 湯匙
生粉 1 湯匙
清水 2 湯匙
雞蛋 1 隻

/ 醬汁 /

上湯 200 毫升
蠔油 2 湯匙
砂糖 1/2 湯匙
生粉 1 茶匙
白胡椒粉 1 茶匙

❶ 剩下的肉餡可做成肉丸及肉餅。肉餡也可加入蝦仁混合，口感更滑。

❷ 如煎食材的過程不想放太多油，可以用易潔鍋來煎，中途加入少許水加蓋燜煮至熟即可，如煎餃子的做法。

/ 做法 /

1. 餡料與調味料混和，不停攪拌至完全入味約 2 分鐘，放入雪櫃待 30 分鐘才使用。
2. 將餡料分別釀入各材料內。
3. 每個食材分別煎至金黃色（各食材的烹調時間有所不同）
4. 醬汁煮滾約 2 分鐘，食用前淋上或蘸來吃都可以。

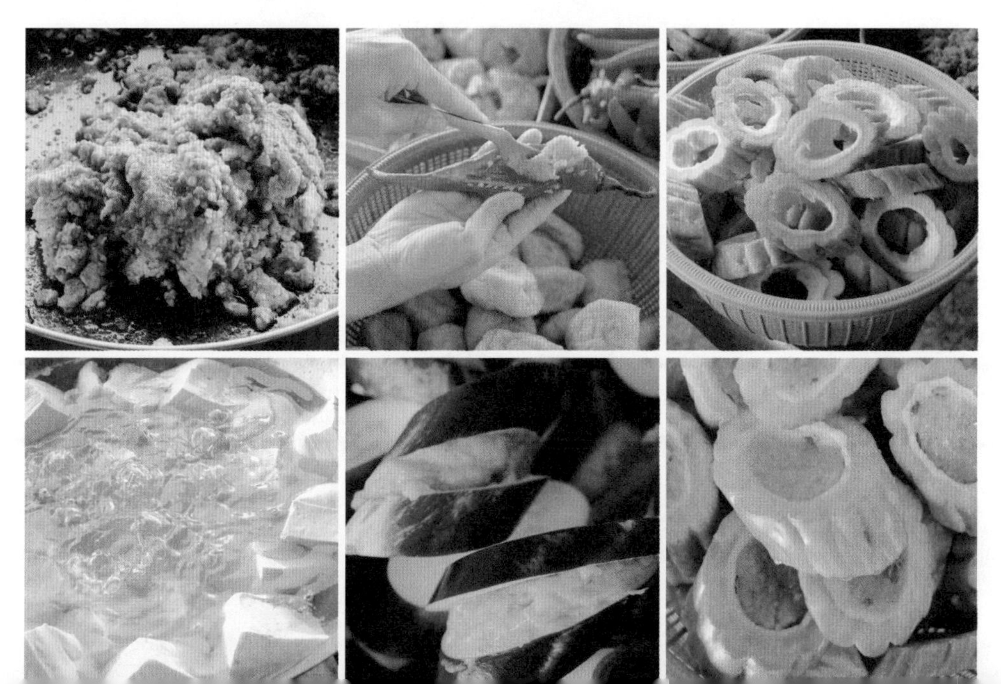

Tangy sauces, street hawker style

大排檔的惹味醬料

・

CHAPTER 2

"

在馬來西亞的大排檔，我們叫「大炒」，大廚們兩下散手就煮出各式各樣的惹味菜餚。在一個毫不拘束的環境下用餐，最是自由、愉快！

小時候，婆婆只要説聚餐，二舅父和三舅父就會拍住上為我們煮大餐，惹味的大排檔料理叫人食指大動。

舅父們喜歡出海釣魚，很多時候運氣好，就會加餸，海鮮料理他們最拿手，炒蟹、蒸魚、炒墨魚、客家美食等，都令家人讚不絕口。

三舅父經營的大排檔生意超過 30 年了，在一個叫巴生 Klang 的海港，他很喜歡出海釣魚，一去就幾天才回來，每次都收穫豐富。

以下有幾個特別的大排檔醬料都是舅舅教我的惹味醬，要做大廚話咁易，除了煮海鮮，肉類、蔬菜也很配。大家學會了，宴客時可大派用場！

Nicole's Kitchen
HANDMADE IN HK

老雞大地魚上湯。

Dried plaice chicken stock

大排檔其中一個美味秘訣就是熬煮高湯來使用，幾乎很多餸都會用到，揀選老雞、大地魚，還有章魚乾製作的上湯，記得放入密實盒，冷藏，需要的時候拿出來解凍使用。

/ 材料 /

老雞 1 隻（斬件）
章魚乾 1/2 條（剪絲）
大地魚 1 條
白胡椒粒 1 湯匙（壓碎）
水 3 公升

/ 做法 /

1. 雞去皮、煎香，將雞肉回鍋用水煮滾，撇去雞湯油分備用。
2. 大地魚慢火烘乾；章魚乾用水浸軟，去衣，用乾鑊烘香。
3. 煮滾水後，放入所有材料，轉小火煮 2 小時，撇去湯面浮油即可。

美

這個高湯可以加入白蘿蔔、沙葛及洋葱，味道更加清甜。

麵豉醬蒸魚。

（麵豉醬）

Steamed fish with spicy fermented soybean paste

/ 材料 /

鮮魚 1 條

/ 麵豉醬材料 /

蒜蓉 1 湯匙
薑蓉 1 湯匙
指天椒 1 條（切粒）
麵豉醬 2 湯匙
辣椒參巴醬 2 湯匙（參考 p.106）
泰國甜辣醬 50 毫升
上湯或水 150 毫升（參考 p.86）
豬油渣 50 克
豬油 1 湯匙
砂糖 1 茶匙
葱花 2 湯匙

美味秘訣

❶ 醬汁煮好放入樽冷藏，可保存 1 個月。

❷ 香港的印尼或泰國雜貨店有售參巴醬及泰國甜辣醬。

/ 豬油渣做法 /

1. 豬膏洗淨，切成粗粒，放入乾鑊用中小火慢煎，切記火不要太大，給點耐性。
2. 待完全迫出豬油，豬油渣變成金黃色即可撈出，冷卻備用。

/ 做法 /

1. 放入豬油，下薑蓉、蒜蓉和辣椒爆香。
2. 加入麵豉醬、辣椒參巴醬略炒，加入泰國甜辣醬，繼續拌炒 1 分鐘，加入砂糖調味，倒入上湯或水煮一會。
3. 魚蒸好後倒掉魚汁，趁熱淋上煮好的醬汁，撒上豬油渣和葱花即可。

黃金奶油醬炒大肉蟹。

Fried mud crab in golden butter sauce

（黃金奶油醬）

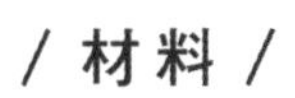

/ 材料 /

大肉蟹 2 隻（約 3 斤）

/ 黃金奶油醬材料 /

鹹蛋黃 4 顆（壓碎）
牛油 100 克
咖喱葉 10 克
指天椒 1 條（切粒）
淡奶 405 克（1 罐）
砂糖 1 茶匙

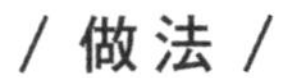

/ 做法 /

1. 肉蟹洗淨，斬件，瀝乾水分，炸至 8 成熟備用。
2. 牛油落鑊，加入鹹蛋黃，用小火不停攪拌至出現大量泡沫，加入咖喱葉和辣椒繼續炒，倒入淡奶煮滾，下糖調味。
3. 肉蟹回鑊，不停拌勻即可。

日常變化

❶ 豆腐2磚，蒸5分鐘後倒出水分，淋上適量黃金奶油醬即可。

❷ 薯片、蔬菜條非常適合搭配這個醬。

美味秘訣

黃金奶油醬可趁熱加入車打芝士片，拌勻溶解即可。

紹興薑蓉蒸魚。

Steamed fish with Shaoxing ginger sauce

（紹興薑蓉醬）

/ 材料 /

紅鯛 1 條（2 斤）
芫茜 適量

/ 紹興薑蓉醬材料 /

老薑 1 碗（切塊）
蒜蓉 1 湯匙
上湯 200 毫升（製法參考 p.86）
紹興酒 1 湯匙
白胡椒粉 1 茶匙
砂糖 1 茶匙
鹽 1 茶匙
麻油 1 湯匙

/ 做法 /

1. 老薑洗淨、切塊，加入 1/2 碗水，打成蓉備用。
2. 燒熱麻油，爆香蒜蓉，倒入薑蓉煮滾，灑入酒及上湯，轉小火煮 5 分鐘，用白胡椒粉、麻油，鹽和糖調味。
3. 魚蒸好後，倒掉魚汁。
4. 薑蓉醬煮滾，淋在魚上，放芫茜即可。

日常變化

雞肉洗淨，抹乾切件。用豉油、生粉各1茶匙醃15分鐘。將100毫升紹興酒和200克薑蓉淋在雞肉上，以中火蒸15至20分鐘即可。

美味秘訣

老薑最好選擇本地黃肉薑，將老薑洗刷乾淨，連皮一起打成蓉，薑皮除了提升味道，也令薑的功效更佳。

金香醬炒大肉蟹。（金香醬）

Fried mud crabs in lemongrass dried shrimp sauce

/ 材料 /

大肉蟹 2 隻

/ 金香醬材料 /

香茅 3 條（切碎）
薑蓉 1 湯匙
蒜蓉 2 湯匙
乾葱頭 6 個（切碎）
洋葱 1 個（切粒）
蝦米 100 克
咖喱葉 10 克
油 100 毫升

/ 調味料 /

咖喱粉 1 湯匙
蠔油 2 湯匙
豉油 1 湯匙
黑豉油 1 湯匙
砂糖 1 茶匙

/ 做法 /

1. 肉蟹洗淨，切件，瀝乾水分，炸至 8 成熟備用。
2. 蝦米浸 30 分鐘，瀝乾水分，切碎備用。
3. 燒熱油，用中小火爆香香茅、洋葱、乾葱、薑、蒜及蝦米，加入咖喱葉和咖喱粉拌勻，最後放入其他調味料。
4. 倒入大肉蟹，翻炒至醬料和肉蟹混合均勻，加入 1 至 2 湯匙水，加蓋燜至蟹完全熟透即可。

這個醬有咖喱粉，香而不辣又惹味，而且還很百搭，用來烹煮海鮮、炒飯、炒雞丁和雜豆類都合適。

如果找不到咖喱葉，可以用檸檬葉代替，帶有不同的風味。

去片

媽蜜豬扒。

（媽蜜醬汁）

Pork chops in Marmite sauce

媽蜜酵母精華，小時生病或者沒胃口的時候，媽媽會煲粥搭配媽蜜酵母，那種獨特鹹鹹濃郁的味道很美味，我會再偷偷拿多幾湯匙來吃。馬來西亞的大排檔，將這個本來保健的食品做了不同的變化，非常受當地人歡迎！

/ 醃料 /

薑汁 2 湯匙
豉油 1 湯匙
鹽少許
胡椒粉少許
紹興酒 1 湯匙
麻油 1 湯匙
生粉 2 湯匙

/ 材料 /

豬扒 6 塊
炒香白芝麻 2 湯匙

/ 媽蜜醬汁 /

蒜蓉 1 湯匙
薑蓉 1 湯匙
媽蜜酵母精華 2 湯匙
麥芽糖 2 湯匙
砂糖 1 湯匙
上湯 200 毫升
黑醬油 1 茶匙
喼汁 1 茶匙
胡椒粉 1 茶匙

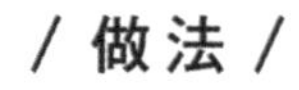

/ 做法 /

1. 豬扒洗淨，用刀背拍鬆，加入醃料醃 1 小時。
2. 豬扒用中火煎熟，備用。
3. 除了蒜蓉和薑蓉，將其餘媽蜜醬汁材料混合均勻，備用。
4. 放入少許油，下薑蓉及蒜蓉炒香，倒入混合的媽蜜醬汁煮至濃稠，和豬扒一起拌勻，撒上炒香的白芝麻即可。

日常變化

【媽蜜雞扒】

可以雞扒代替豬扒，做法一樣。

CHAPTER 3

馬來西亞的味道——多元種族的文化

The taste of Malaysia — a multiracial culture

Signature Malaysian sauces

“

馬來西亞是個多元種族國家，馬來人、華人、印度人、原住民在同一個地方生活、共融。多元種族帶給我們豐富的文化、語言，當然還有美食。

在語言方面，很多人都懂幾種基本語言，例如：馬來語、國語、英文，還有自家的方言也略懂一些，客家話、廣東話、潮州話、福建話等。

食物方面真的很多元化，只是華人美食，都有分不同籍貫的，客家板麵、客家釀豆腐、潮州魚蛋、福建麵。馬來和印度族的有印尼炒飯、椰漿飯、炸雞、串燒、咖喱、烤薄餅、羊肉湯等美食。

熱帶國家一年四季都是夏天，而馬來西亞最多的便是香料、香草，我們就是靠這些惹味、香辣的食材來刺激胃口。

參巴馬拉盞醬。

Sambal belacan

/ 材料 /

馬拉盞 1 湯匙（切碎）
指天椒 6 隻（切碎）
紅辣椒 3 隻（切段）
南薑 1 小塊（切片）
蒜頭 4 粒
乾葱頭 8 個
金桔 10 個（榨汁）
金桔皮 2 片

/ 調味料 /

砂糖 2 湯匙
鹽 1/2 茶匙

/ 做法 /

1. 馬拉盞乾鍋烘香，備用。
2. 將所有材料放入食物處理器打碎，用砂糖和鹽調味即可。

美味秘訣

❶ 如不能吃太辣，可不加入指天椒。
❷ 金桔皮是提升香氣的秘訣。
❸ 加入檸檬葉 Kaffir Lime Leaves，剪成絲拌入參巴馬拉盞醬，風味很好。

參巴馬拉盞螄蚶。

Blood cockles in Sambal belacan

（參巴馬拉盞醬）

/ 材料 /

螄蚶 1 公斤
參巴馬拉盞醬 2 湯匙
麻油 1 茶匙

/ 做法 /

1. 水煮滾，熄火，放入螄蚶灼 15 秒，撈出即可。
2. 配搭參巴馬拉盞醬及麻油食用，美味無窮。

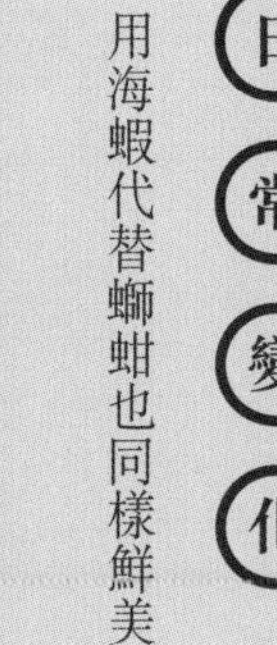

日常變化

用海蝦代替螄蚶也同樣鮮美。

【參巴馬拉盞炒墨魚】

墨魚2條，切小段，飛水30秒，撈起，瀝乾水分。把半顆洋蔥切絲，炒香，墨魚回鍋，加入參巴馬拉盞醬2湯匙炒香，再加入黑醬油1茶匙、豉油適量調味。炒墨魚必須大火快炒。

辣椒參巴醬。
Chilli Sambal

辣椒參巴醬（Chilli Sambal）是馬來西亞萬能醬，家家戶戶都有一樽傍身，它的用途非常廣泛，可以用來炒麵、炒肉、炒海鮮、搭配椰漿飯、醃製肉串等。將洋葱絲、花生、炸江魚仔及辣椒參巴醬一齊吃，又變成另一款小菜。它帶辣，鹹香又有少許甜味，不知不覺間會令你多吃幾口，這就是參巴醬的魅力！

/ 材料 /

乾辣椒 20 隻
紅辣椒 10 隻
香茅 3 條（切粒）
石栗 5 粒
南薑 1 小塊
薑 1 塊
蒜頭 6 粒
乾葱頭 10 個
馬拉盞 1 湯匙
植物油 2 碗

/ 調味料 /

椰糖 1/2 碗（切碎）
羅望子 200 克

/ 做法 /

1. 羅望子用熱水浸泡，用湯匙壓成蓉出味，過濾、留汁備用。
2. 所有材料用攪拌機打碎。
3. 準備易潔鑊，用中火下油炒醬料，不停攪拌 10 分鐘，如油太少可再添加。
4. 倒入羅望子汁和椰糖調味，繼續煮 20 分鐘至醬料顏色變成深紅色即可。

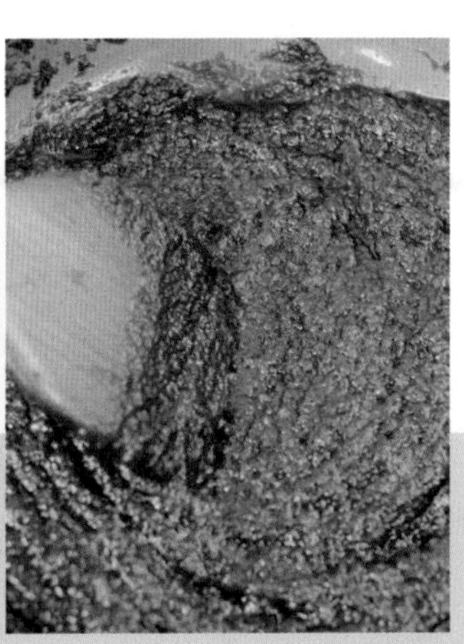

美味秘訣

辣椒參巴醬口味偏甜，烹煮時需要不停翻炒，如覺得累的話，煮10分鐘可熄火等半小時再繼續，重複數次煮至深色即可。

日常變化

【洋蔥辣椒參巴蝦】

洋蔥1個切絲，蝦1斤去殼。洋蔥爆香，加入辣椒參巴醬2湯匙，放入蝦以中火一起炒熟即可。

【炒公仔麵】

雞蛋1個，煎熟切絲；椰菜半個切絲；公仔麵2包煮散麵條，瀝乾水分備用。蒜蓉爆香，放入椰菜，加入辣椒參巴醬2湯匙、黑醬油1湯匙、煮麵水2湯匙，不停翻炒，最後加入蛋絲即可。

參巴蕉葉燒魔鬼魚。（辣椒參巴醬）

Grilled stingray on banana leaf with chilli Sambal

/ 材料 /

魔鬼魚 1 條（約 1 斤）
香蕉葉 1 塊
辣椒參巴醬 300 克
油 2 湯匙
金桔仔 1 個（切半）

/ 做法 /

1. 魔鬼魚用粗鹽塗抹魚皮，用刀背刮掉魚皮上的滑潺，沖水，抹乾水分備用。
2. 鑊內下油，鋪上香蕉葉，放上參巴醬，鋪上魔鬼魚，再在表面淋上參巴醬。
3. 以小火慢慢煎香，期間不停翻面。食用前，擠金桔汁即可。

如果找不到魔鬼魚，可以用其他海鮮代替，例如墨魚、烏頭魚、蝦及蜆等都很適合。

馬來咖喱醬。

Malaysian curry

/ 材料 A /

乾葱頭 10 個
蒜頭 6 粒
香茅 3 條
石栗 4 粒
油 1 碗

/ 材料 B /

乾辣椒 20 隻（浸軟、打成蓉）
咖喱粉 2 湯匙
辣椒粉 1 茶匙
黃薑粉 1 茶匙
水 100 毫升

/ 材料 C /

咖喱葉 10 克
鹽 1 茶匙

/ 做法 /

1. 材料 A 放入食物處理器打碎。
2. 材料 B 混合均勻。
3. 材料 A 放入易潔鑊用小火炒香，加入咖喱葉及材料 B，繼續炒約 10 分鐘（如油分不足，可加添油分），最後下鹽調味。

美

 煮的過程需要耐心，將材料A炒至軟身及少許焦香即可。

❷ 咖喱需煮至出紅油，才加入液體如椰漿、牛奶和上湯等。

❸ 這個醬如要保存長久些，不要先放椰漿，煮好冷藏可以存放1個月。使用前才加入椰漿和上湯。

將咖喱醬半碗，混合高湯1公升，煮滾，加入椰漿100克，煮滾10分鐘，可以加入豆卜、炸蝦米1湯匙。預備4人分的腸粉蒸5分鐘，適量淋上咖喱湯，撒少許白芝麻即可。

咖喱魚頭雜菜煲。

Fish head curry with assorted vegetables

（馬來咖喱醬）

/ 材料 A /

龍躉魚頭 1/2 個（斬件）
生粉 2 湯匙
鹽 1 湯匙
白胡椒粉 1 湯匙

/ 材料 B /

馬來咖喱醬 4 湯匙（參考 p110）
上湯或水 500 毫升
椰漿 200 毫升

/ 材料 C /

秋葵 3 條（切段）
茄子 1/2 條（切條）
番茄 1 個（切角）
椰菜 1/4 個（切塊）
豆卜 16 件（切半）
豆角 5 條（切段）

/ 做法 /

1. 龍躉魚頭斬件，抹乾水分，用生粉、鹽和白胡椒粉醃一會。
2. 魚頭炸至熟透，撈出，瀝乾油分備用。
3. 下少許油，咖喱醬以小火炒 2 分鐘，慢慢加入椰漿，炒至混合均勻及咖喱醬出紅油。
4. 加入上湯煮滾，放入材料 C 和炸好的魚頭，轉小火煮 15 分鐘，或煮至蔬菜軟身即可。

可以用蟹代替魚頭，做法一樣，或煮成蔬菜咖喱湯，也是很美味的。

仁當醬。

Rendang sauce

仁當，又稱巴東，源自於印尼，這個醬歸類為咖喱家族，味道比咖喱更濃郁，水分相對少，而且還添加烘乾的椰絲，口感更佳及豐盛，是娘惹菜餚不可缺少的醬料之一。

/ 材料 A /

南薑 1 塊
香茅 3 棵（切碎）
黃薑 1 塊
薑 1 小塊
辣椒乾 10 條（浸軟、打成蓉）
乾葱頭 10 個（切碎）
蒜頭 6 粒（切碎）
石栗 4 粒
油 1 碗

/ 材料 B /

咖喱葉 1/2 碗
檸檬葉 4 片（剪成絲）

/ 材料 C /

椰漿 200 毫升
椰絲 1 碗
鹽 1 茶匙
砂糖 2 茶匙

/ 材料 D /

孜然粉 1 茶匙
芫茜粉 1 茶匙
丁香 2 粒
肉桂枝 1 條
八角 2 粒

/ 做法 /

1. 椰絲放入乾鍋，用小火炒至淺金黃色。
2. 材料 A 用食物處理器打碎，備用。
3. 倒入材料 A，小火炒香至帶少許金黃色。
4. 加入材料 B、C 和 D，煮約 15 分鐘至出現紅色油分即可。

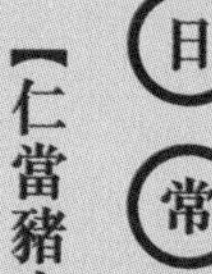

日常變化

【仁當豬肉】

豬柳1斤，切片。加入仁當醬4湯匙及清水2湯匙略炒，再用中火燜煮15分鐘即可。

美味秘訣

❶ 大部分仁當醬比較濃稠，喜歡多汁的朋友可以多加點水。

❷ 羊肉非常適合配仁當醬。

好友和契爺一起創辦的娘惹餐廳，契爺是峇峇人，一生努力推廣娘惹文化和美食，他們的娘惹餐廳在當地非常著名。

娘惹喇沙醬。

Nyonya Laksa sauce

/ 材料 /

馬拉盞 30 克（切碎，烘香）
蝦米 100 克（浸軟）
紅辣椒 5 條（去籽）
乾辣椒 20 隻（去籽，浸軟）
乾葱頭 15 個
香茅 5 條
蒜頭 5 粒
石栗 6 粒
黃薑 20 克
南薑 50 克
薑 20 克（切片）
芫茜粉 1 茶匙
油 1 碗

/ 做法 /

1. 除了油，將所有材料用食物料理器打成蓉。
2. 燒熱油，放入所有材料，用小火炒 15 分鐘。
3. 加入水半碗，加蓋，焖煮15分鐘至收汁即可。

娘惹喇沙麵。
Nyonya Laksa noodle soup
（娘惹喇沙醬）

/ 喇沙湯材料 /

鮮蝦 1 斤（去殼，留殼備用）
上湯 2 公升
娘惹喇沙醬 500 克（參考 p.116）
椰漿 200 毫升
豆卜 1/2 斤（烘香，切件）
喇沙葉 6 束

/ 材料 /

麵條份量隨個人喜好
芽菜 1/2 斤
魚片頭 1 條（切片）

/ 喇沙湯做法 /

1. 蝦殼用少許油煎香，加入上湯煮 15 分鐘，撈出蝦殼。
2. 加入娘惹喇沙醬煮 10 分鐘，倒入椰漿、豆卜、喇沙葉，繼續小火煮滾，下鹽和砂糖調味。

/ 做法 /

1. 燒滾水，放入蝦肉，煮熟即可撈起。
2. 魚片頭、芽菜、麵條分別用滾水湯熟。
3. 碗內擺放所有材料，煮滾喇沙湯，淋上趁熱食用。

美味的回憶

家鄉XO魚頭米粉。

Homestyle rice vermicelli soup with fish head and cognac

/ 魚湯材料 /

龍躉魚頭 1/2 個（切件）
鯽魚 1 條
薑 4 片
花奶 150 毫升

/ 配料 /

番茄 2 個（切塊）
豆腐 1 磚（切塊）
薑絲 30 克
鹹酸菜 150 克（切絲）
米粉 4 人分量
XO 酒 1/2 湯匙

/ 調味料 /

白胡椒粉 1 茶匙
鹽 1 茶匙
砂糖 1 茶匙
生粉 3 湯匙

/ 做法 /

1. 魚頭洗淨，抹乾水分，抹上生粉，炸至金黃色，備用。
2. 放入油、薑片，將鯽魚煎好，煮滾熱水倒入鍋內，煮成魚湯。
3. 鹹酸菜放入冷水，加 1 湯匙鹽浸泡 30 分鐘，洗淨備用。
4. 魚湯的魚骨取出，加入魚頭、番茄、薑絲、鹹酸菜、豆腐，小火再煮 15 分鐘。
5. 試味，依個人喜好用花奶、胡椒粉、鹽和砂糖調味。
6. 煮好米粉，淋上魚湯和配菜，吃時加入 XO 酒即可。

CHAPTER 4

醬料・小點心

陪伴成長的小點心

Sauces. Snacks
Childhood snacks I grew up with

“

我成長的地方有個可愛的名字——沙登，馬來話叫 Seri Kembangan，簡稱 Serdang，是雪蘭莪州的一個華人新村。在馬來西亞大約有 452 個華人新村，沙登是雪州內比較大的一個華人新村。這裏的中文路牌是雪州內最多的，而聽得最多的就是客家話，我就是一個勤勞的「客家妹」！

距離吉隆坡 20 至 30 分鐘車程，下次大家到吉隆坡旅行，記得來沙登這個樸素的市鎮尋找古早味美食。現在沙登的面貌改變了不少，但是美食卻始終不變。這裏有太多我喜歡的美食了，很多家到現在數十年依然還在售賣他們的拿手好菜，例如小時候最愛的「肉乾肉鬆麵包」，麵包塗滿牛油再炭燒，夾着同樣用炭火烤過的肉乾、肉鬆、青瓜片，最後擠點番茄醬，可以想像這個早餐的味道是多麼吸引吧！雖然這不算是健康食品，卻是我童年的一個美味回憶。

還有賣水果的兩個大哥哥，同學們最愛到此打卡，至今他們的水果、果汁依然是沙登新村最好吃、最新鮮的！良哥的牛腩米粉是我們每次到馬來西亞一定要吃的食物。除了牛腩米粉，他的客家炸豬肉麵、乾撈麵、咖啡、奶茶同樣美味。這個地方也是母親和街坊的聚集地，她們最喜歡約好吃早餐、買餸，然後就各自忙碌。

上圖：是沙登舊街市的外貌。下圖：攝於沙登主要道路。

斑蘭加央醬。

Pandan Kaya spread (coconut egg jam)

加央，是馬來西亞著名的甜醬料，到處都可見它的蹤影，包括茶餐廳的炭燒加央多士、麵包店的加央角等。加央主要成分有新鮮椰漿、雞蛋及糖。

馬來西亞市面上能夠輕易購買到新鮮椰漿。老椰子用特製的機器刨出椰絲，用紗布包好，再用力擠出新鮮椰漿，再加少許水擠多一次，新鮮椰漿拿來煮加央、咖喱非常美味。

椰絲也不要丟掉，可以加入少許椰糖炒香，拿來做甜品，也可以加入仁當料理內。它唯一缺點是必須冷藏，幾小時內要用完，否則很容易變壞。

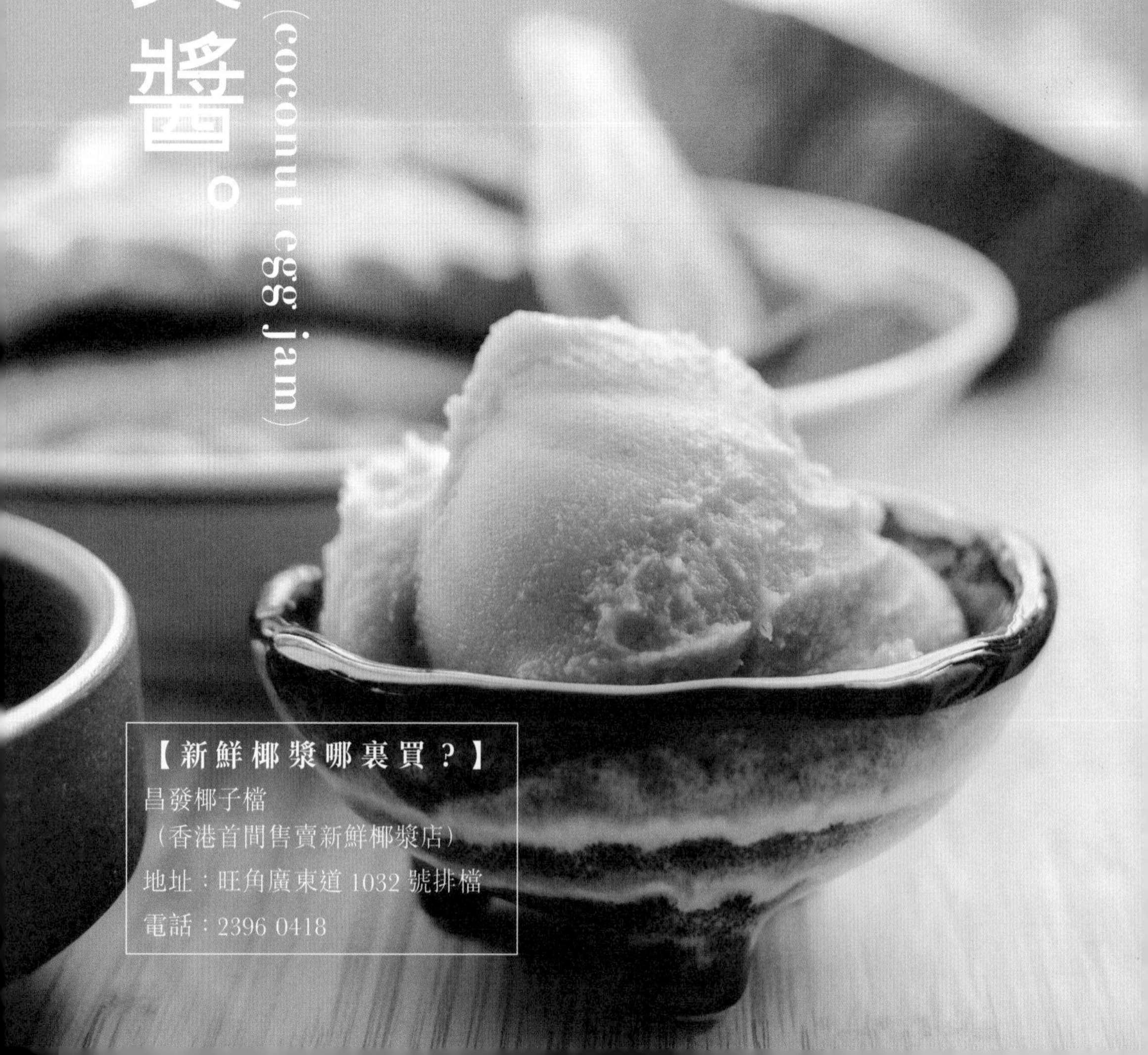

【新鮮椰漿哪裏買？】

昌發椰子檔
（香港首間售賣新鮮椰漿店）
地址：旺角廣東道 1032 號排檔
電話：2396 0418

/ 材料 /

新鮮椰漿 300 克
鴨蛋液 300 克
砂糖 180 克
斑蘭葉濃縮汁 10 克
鹽 1 克

/ 做法 /

1. 椰漿、斑蘭葉濃縮汁、砂糖和鹽拌勻，用小火煮滾，熄火，待溫度降至 60℃。
2. 倒入鴨蛋，快速攪拌過篩備用。
3. 準備大煲燒滾半鍋水，轉小火，放上盛有混合物的大碗，隔水座熱，持續攪拌約 20-30 分鐘，至加央濃稠即可。

【＊斑蘭葉濃縮汁】

/ 材料 /

斑蘭葉 20 條
水 600 克

/ 做法 /

1. 斑蘭葉洗淨，剪成小段，放入攪拌機，加水打成蓉，用布袋隔渣及擠出斑蘭汁，倒入玻璃樽封口。
2. 放入雪櫃靜置 24 小時，直至樽底沉澱一層深綠色的濃縮斑蘭汁。
3. 慢慢倒掉上層的淺綠色斑蘭水，餘下的濃縮斑蘭汁就是精華，用不完可放雪櫃儲存 1 星期。

焦糖加央醬。

Caramel Kaya spread (coconut egg jam)

/ 材料 /

新鮮椰漿 300 毫升
鴨蛋 300 克
斑蘭濃縮汁 10 克（參考 p123）
椰糖 100 克
砂糖 80 克
水 2 湯匙
鹽 1 克

/ 做法 /

1. 鴨蛋打勻，過篩兩次備用。椰漿、斑蘭葉濃縮汁、椰糖和鹽拌勻備用。
2. 砂糖與水 2 湯匙放入小鍋，用小火煮成焦糖色，熄火，加入椰漿不停攪拌至完全混合。待降溫後，倒入全部鴨蛋攪拌均勻過篩。
3. 以細火隔水座熱蛋液混合物，持續攪拌約 20-35 分鐘至加央變成濃稠即可。

美味秘訣

❶ 可以用雞蛋代替鴨蛋，多加一個蛋黃，比例和椰漿要接近。

❷ 如沒有斑蘭濃縮汁，可以用斑蘭葉1片代替，先剪段，和加央一起煮即可。

Carol 和我情同姊妹，從小被誤以為是親姐妹，我們都長得很像，也很愛烹飪。每次見面，她都送我加央醬，還帶我去吃很多地道美食。有這麼美麗善良的姐姐，我很幸福！

馬來西亞到處都看到這種專門的刨椰子機器。

加央角。
Kaya Danish

/ 材料 /

焦糖或斑蘭加央醬 280 克
即用酥皮 2 塊（24cm X 24cm）
雞蛋 1 個（加水 1 茶匙攪勻）
白芝麻 50 克
* 可製成 8 個

/ 做法 /

1. 焗爐預熱 180℃。
2. 準備飯碗一個（直徑 11cm），壓出圓形狀，用刀切割出形狀。
3. 將 1 湯匙約 35 克加央醬放中間，對摺封口，用叉子壓出條紋，塗上一層薄薄蛋液，撒上白芝麻。
4. 放入爐以 180℃焗 15 分鐘，取出待涼 10 分鐘，再塗上蛋液，放入焗爐約 15 分鐘至金黃色即可。

咖喱角。

Samosa (curry sauce)

（咖喱醬餡料）

/ 麵皮 /

中筋麵粉 180 克
冰牛油 45 克
冰水 50 克
豬油 10 克
鹽少許
油 1/2 茶匙

/ 餡料 /

雞胸肉 1 塊（切丁）
洋葱 1/2 個（切碎）
蒜頭 2 粒（切碎）
薯仔 1 個（切丁）
咖喱粉 1 湯匙
黃薑粉 1 茶匙
辣椒粉 1 茶匙（按個人喜好調整分量）
咖喱葉 2 克
椰漿 2 湯匙
水 2 湯匙
熟雞蛋 1 隻（切丁）
鹽 1/2 茶匙
砂糖 1/2 茶匙
* 可製成 15 個

/ 做法 /

1. 將麵皮材料慢慢調勻成軟滑麵糰，蓋着備用。
2. 放入適量油，以中火爆香洋葱碎及蒜蓉，加入薯仔和雞丁，炒熟雞丁。
3. 加入咖喱粉、咖喱葉、黃薑粉、辣椒粉炒 1 分鐘，下椰漿和水繼續煮至收汁，調味，加入熟雞蛋待涼備用。
4. 將麵皮分成 40 克一份，用擀麵棍壓成 2mm 薄麵糰，放入咖喱餡料，對摺封口，用拇指捏成麻花邊。
5. 燒熱油，轉小火，放入咖喱角炸至金黃色，瀝乾油分即可。

日常變化

可用春卷皮代替酥皮，包裹好可用來油炸。

菜脯粒粒。

Dried radish sauce

/ 材料 /

菜脯 1 斤（切碎）
乾葱頭 20 個（切碎）
蒜頭 8 粒（切碎）
油適量

/ 調味料 /

黑豉油 1 湯匙
砂糖 1 湯匙
白胡椒粉 1 茶匙
鹽 1/2 茶匙

/ 做法 /

1. 菜脯碎浸泡 30 分鐘，瀝乾水分備用。
2. 乾鍋放入菜脯，炒乾水分，備用。
3. 燒熱油，炒香乾葱碎和蒜蓉，加入菜脯、調味料及適量水，加蓋煮 10 分鐘或至汁收乾即成。

❶ 可選用素豬肉做成素豬肉菜脯醬。

❷ 這道菜脯粒粒用途很廣泛，可用來炒蘿蔔糕、炒飯、撈麵、做茶粿、炒豆角，也可和豆腐一起蒸。

水粿。Chwee Kueh

（菜脯粒粒）

【炒水粿】

將水粿切成小塊（分量約2碗）。準備雞蛋1隻及芽菜1碗。開中火，放入油，加入菜脯粒粒、水粿炒香，下雞蛋繼續拌炒，最後轉大火，加入芽菜略炒即可。

/ 粉漿 A /

粘米粉 150 克
木薯粉 25 克
植物油 1 湯匙
鹽 1 茶匙
清水 300 毫升

/ 粉漿 B /

澄麵 30 克
清水 470 毫升

/ 做法 /

1. 輕掃一層薄薄的油在蒸碗內，備用。
2. 粉漿 A 材料混合均勻，備用。
3. 粉漿 B 倒入鑊，用小火不停攪拌至成為漿糊狀，趁熱倒入粉漿 A，不停拌至均勻。
4. 將粉漿倒入每個蒸碗內，蓋上耐熱保鮮紙，用大火蒸 15 分鐘至熟透。
5. 冷卻後倒扣，吃時撒上菜脯粒粒，淋點葱油即可。

美味的回憶

夾餅。

Pancakes

小時後，媽媽常說我好像吃不完的孩子，看到美食任何時候都說餓。早晨跟着媽媽到街市，看到夾餅就要買一塊，明知道吃不完，還是堅持要買。

2019年因拍攝食譜回到街市，依然看到顏伯伯在同一個地方堅持製作他的拿手「夾餅」。夾餅又名「大舊餅」，有點像厚厚的美式煎餅，除了放入花生碎及砂糖，也可以用鹹味的食材做成夾心。

/ 材料 /

麵粉 220 克
梳打粉 1/2 茶匙
酵母 2 茶匙
砂糖 50 克
清水 300 毫升
雞蛋 2 隻

/ 餡料 /

花生碎 150 克
白芝麻 100 克
砂糖 50 克
牛油適量
粟米蓉適量

餡料可以用火腿碎、芝士碎、黑胡椒粉及葱花代替；也可用花生醬、牛油、朱古力醬或肉鬆做出不同的版本。

/ 做法 /

1. 花生碎、白芝麻用乾鑊烘香，冷卻後加入砂糖拌勻備用。
2. 麵粉、梳打粉、酵母混合，過篩一次，加入砂糖、雞蛋和水拌至糖溶化，蓋上保鮮紙，放室溫待 30 分鐘。
3. 使用前攪拌粉漿，開小火，塗一層薄薄的牛油在易潔鑊，倒入一大勺粉漿，加蓋待 30 秒（視乎厚度而定）。
4. 撒上花生芝麻砂糖，加入適量牛油和粟米蓉，煎至夾餅底部完全變成金黃色，對摺，起鑊後切件食用。

CHAPTER 5

醬料・地道的醬料

馬來西亞夜市街頭小食

Famous snacks from Malaysian night markets

Authentic local sauces

“

夜市，馬來語叫 Pasar Malam。在沙登新村，每逢星期一晚就是家庭主婦們的休息時間，因為大家會相約去逛 Pasar Malam。

這裏最精彩的就是小食，來自不同地方的三大民族聚集一起，售賣他們的拿手好菜。檔主認真地製作價廉物美的美食，我們就認真地「掃街」。

沙登夜市，近年很多年輕人在夜市創業，帶來一些新穎而有創意的食物。夜市就如馬來西亞各地美食的縮影，要吃甚麼來這裏就能找到！

D24, XO
RM 18
1Kg
洲高
王 · 101

花生沙爹醬。

Peanut satay sauce

/ 材料 /
花生碎 300 克

/ 醬料材料 /
香茅 1 條（切碎）
乾葱頭 5 個（切碎）
蒜頭 2 粒（切碎）
南薑 1 小塊（切片）
乾辣椒 6 條（浸軟）
油 200 毫升

/ 調味料 /
羅望子汁 50 克
黑豉油 1 湯匙
椰糖 1 湯匙
鹽 1 茶匙
水 200 毫升

/ 做法 /
1. 花生碎用乾鍋烘香。
2. 醬料材料用食物處理器打碎，備用。
3. 中火落油，倒入醬料材料不停攪拌，煮 10 分鐘，加入花生碎拌勻，倒入羅望子汁和其他調味料，加水，用小火燜煮 15 至 20 分鐘即可。

日常變化

【沙爹烤雞翼】

雞翼20隻，抹乾水分，加沙爹醬鋪上雞翼，淋少許油。預熱焗爐180度，焗25至30分鐘即可。

美味秘訣

❶ 這醬汁的水分拿捏很重要，正宗沙爹醬需要保留少許濕潤，不能太乾身。

❷ 正宗沙爹醬的味道偏甜。

❸ 這醬汁可用在炒肉類、蔬菜和豆腐料理中。

沙爹烤雞串。

Grilled chicken satay on skewers

（花生沙爹醬）

／材料／

雞髀肉 3 塊（切粒）
花生沙爹醬（參考 p.136）
青瓜、洋葱各適量

／醃料／

香茅 1 條
乾葱頭 6 個
蒜頭 2 粒
南薑 1 小塊（切 2 片）
薑 1 小塊（切 2 片）
大、小茴香各 1 茶匙
薑黃粉 1 茶匙

/ 調味料 /

黑豉油 2 湯匙
鹽 2 茶匙
椰糖 1 湯匙
花生油 200 毫升

/ 用具 /

竹籤 20 枝（用水浸泡過夜）
香茅 2 條（拍扁香茅頭，代替掃子在肉串上掃油）

/ 做法 /

1. 醃料打碎，與雞肉醃製過夜。
2. 將醃好的雞肉用竹籤串好，放在炭爐上，期間掃上花生油，烤至肉熟透。
3. 配搭花生沙爹醬、青瓜、洋葱一起食用。

【惹味香煎羊架】

羊架8件，抹乾水分，孜然粉和辣椒粉各1茶匙，鋪在羊架兩面，用中火煎羊架兩面各1分鐘即可。

可以用焗爐預熱180度，焗20分鐘至熟透，烤焗期間塗上兩次油。

馬來炭燒雞翼。
Malaysian chargrilled chicken wings
（炭燒醃汁）

/ 材料 /

雞翼 20 隻
白芝麻 1/2 碗

/ 炭燒醃汁 /

乾葱汁 1/2 碗
紹興酒 2 湯匙
麻油 4 湯匙
黑豉油 2 湯匙
豉油 3 湯匙
蠔油 2 湯匙
蜜糖 3 湯匙

/ 做法 /

1. 雞翼洗淨，抹乾水分，加入所有醃汁材料，醃一晚。
2. 準備炭爐，將雞翼鋪上烤架炭燒，醃汁需要分 3-4 次掃在雞翼上，直至兩邊烤熟，灑上白芝麻即可。
3. 如用焗爐，用 180℃焗 10 分鐘。塗上一層醃汁，重複 2-3 次，焗約 30 分鐘。

馬拉盞炸雞。

Belacan deep-fried chicken（馬拉盞醃汁）

搭配參巴馬拉盞醬（p102）或海南雞飯辣椒醬（p60），味道特別搭配。

/ 材料 /

雞髀 6 隻

/ 馬拉盞醃汁 /

乾葱頭 6 個（榨汁）
薑汁 1 湯匙
馬拉盞 1 湯匙（切碎，烘香）
砂糖 1 湯匙
白胡椒粉 1 茶匙
黃薑粉 1 茶匙

/ 炸粉材料 /

粘米粉 100 克
低筋麵粉 200 克
發粉 1 茶匙
雞蛋 1 隻（打勻）

/ 做法 /

1. 炸粉材料除了雞蛋，混合乾粉備用。
2. 雞髀洗淨，抹乾水分，加入馬拉盞醃汁醃一晚。
3. 雞髀瀝乾醃汁，先沾上炸粉，再沾蛋液，再沾多一次炸粉，等待回潮。沾第 2 次炸粉時，搖晃雞髀去掉多餘炸粉。
4. 下油，開至中火，待油熱轉小火，放入雞髀炸 10 至 15 分鐘，瀝乾油分，待涼。
5. 食用前再燒熱油，用中火將雞髀炸至金黃色即可。

囉喏醬。
Rojak sauce

/ 材料 /

甜醬 200 克
黑糖 60 克
砂糖 60 克
馬來西亞蝦膏 60 克（參考 p.9）
馬拉盞 3 克
羅望子汁 2 湯匙
清水 150 毫升

/ 做法 /

1. 馬拉盞切碎，乾鑊烘香。
2. 所有材料一起攪拌，開小火，煮至濃稠，需時大約 20 至 25 分鐘。

日常變化

蝦餅炸好，塗上一層薄薄的囉喏醬，撒點烘烤過的花生碎即可。

撈水果囉喏。

（囉喏醬）

Fruit Rojak

／材料／

小菠蘿 1/2 個（切塊）
沙葛 1/2 個（切塊）
青瓜 1/2 條（切塊）
芽菜 1/2 斤
青芒果 1/2 個（切塊）
油炸鬼 1 條（切小段）
白芝麻 2 湯匙（烘香）
花生碎 3 湯匙（烘香）
辣椒醬適量（隨意增刪）
囉喏醬 1/2 碗（參考 p.144）

／做法／

先將囉喏醬和辣椒醬拌勻，加入水果、油炸鬼，撒上花生碎和白芝麻即可。

美味秘訣

食用前將醬料撈入水果，才不會分泌水分。

日常變化

【馬來魷魚蕹菜】

水魷魚1條，出水30秒，瀝乾水分，切粗絲。蕹菜半斤用水煮1分鐘，撈起瀝乾水分，切段，拌入囉喏醬3至4湯匙即可。

美味的回憶

原味鹽焗雞。

Salt-baked chicken

/ 材料 /

走地雞 1 隻（重約 1.5 公斤）
香蕉葉 2 片

/ 配料 /

薑 8 片
葱段 2 條
黑、白胡椒粒各 1 茶匙
沙薑粉 1 湯匙
鹽 1 湯匙
紹興酒 1 湯匙
麻油 2 湯匙

/ 外皮料 /

粗鹽 1 公斤
蛋白 4 個

/ 做法 /

1. 焗爐預熱 230℃。
2. 雞洗淨，抹乾水分，特別是雞腔部分。
3. 黑、白胡椒舂碎，和沙薑粉、鹽、紹興酒及麻油混合，塗勻整隻雞。
4. 葱段用刀略拍，和薑片釀入雞腔內。
5. 先鋪一張烘焙紙，再鋪上香蕉葉，雞放於中間，用麻繩紮實。
6. 蛋白打發至硬性發泡，加入粗鹽拌勻。
7. 準備一張錫紙，先放一些蛋白粗鹽，排上已包裹的雞，其餘蛋白鋪滿雞隻，壓實後用錫紙包裹整隻雞。
8. 放入預熱焗爐，用 230℃焗 1 小時。完成後，敲開蛋白粗鹽，打開烘焙紙即成。

【古法鹽焗雞】

用大鍋炒熱粗鹽備用。雞醃製好用烘焙紙包裹，放入瓦煲內，鋪滿炒熱的粗鹽，加蓋轉小火焗45分鐘，熄火燜15分鐘，即可取出。

【鹽焗烏頭魚】

烏頭魚1條，保留魚鱗，洗淨抹乾水分，調味料塗勻魚肚位置。拍打香茅1條、薑2片及葱1條釀入魚肚。把粗鹽和蛋白直接鋪在魚身，焗爐180度焗25分鐘即可。

藥材雞。

Herbal steamed chicken

日常變化

【瓦煲藥材蝦】

大頭蝦1斤，用紹興酒浸泡30分鐘；藥材做法一樣，煮15分鐘，蝦倒入瓦煲煮2分鐘，再用醬油、麻油及胡椒粉調味即可。

【藥材田雞】

田雞6隻切件，用蠔油、醬油、麻油及紹興酒各1茶匙醃製，加入生粉2茶匙充分拌勻，藥材鋪在田雞上，蒸20分鐘即可。

/ 材料 /

走地雞 1 隻（重約 1.5 公斤）

/ 藥材料 /

黨參 1 條（切段）
當歸 4 片
北芪 6 片
杞子 1 湯匙
玉竹 4 片
紅棗 4 粒（去核、切片）

/ 調味料 /

白胡椒粉 1 茶匙
鹽 1 湯匙
紹興酒 100 毫升
麻油 1 湯匙

/ 做法 /

1. 將藥材料洗淨，用少許熱水蓋過材料，浸泡約 15 分鐘。
2. 用調味料塗勻整隻雞，雞腔內多放調味料，大約醃 15 分鐘。
3. 準備一張大錫紙，再鋪上兩張烘焙紙，雞放在中間。
4. 將藥材料塞滿雞腔內，餘下的鋪在四周，雞身淋上泡藥材的水，用錫紙包裹整隻雞，大火隔水蒸 30 分鐘即成。

薄餅。

Summer rolls

/ 材料 /
春卷皮約 25 張

/ 餡料 /
沙葛 1 個（去皮、切絲）
紅蘿蔔 1/2 條（切絲）
蝦米 1 湯匙（浸軟）
蒜蓉 1 湯匙
乾葱碎 100 克

/ 調味料 /
蠔油 2 湯匙
砂糖 1 茶匙
鹽 1 茶匙
白胡椒粉 1/2 湯匙

日常變化

【炸春卷】
餡料和以上做法一樣，但必須將餡料瀝乾水分，用生粉水把春卷粉皮封口，放入油鑊炸脆即可。

【素菜三絲】
剔除蝦米、蠔油和甜醬，加入冬菇絲，和調味料一起燜煮20分鐘即可。

/ 配料 /
唐生菜 10 片
炸乾葱 100 克
熟雞蛋 1 隻（切碎）
甜醬 適量
辣椒醬 適量

/ 做法 /
1. 中火爆香蝦米、乾葱碎及蒜蓉，加入沙葛和紅蘿蔔絲，拌炒 2 分鐘。
2. 下調味料拌勻，加入清水燜煮 20 分鐘或至沙葛變軟，倒出煮好的餡料，瀝乾醬汁備用。
3. 春卷皮先塗上辣椒醬、甜醬，放上一片生菜，排上餡料後撒炸乾葱、雞蛋碎，捲好切件即成。

Contents

chapter 1
Sauces for meat dishes
Homestyle classics by my Hakkanese mom

chapter 2
Tangy sauces, street hawker style

chapter 3
Signature Malaysian sauces
The taste of Malaysia – a multiracial culture

chapter 4
Sauces. Snacks
Childhood snacks I grew up with

Mom's signature dip

Ingredients:

10 pieces fresh shallots (thinly sliced)
1/2 piece raw garlic (thinly sliced)
1 bunch coriander (finely chopped)
1 bunch diced spring onion
100ml soy sauce
200ml oil from deep-frying shallot

Method:

1. Slice the shallots thinly and evenly. Spread them on a tray and blow air on them with an electric fan for 1 hour to dry them.
2. Pour enough oil into a cold wok to cover all shallots. Put in the sliced shallots before turning the heat on medium. Keeping stirring while heating up. Do not turn the heat up or down during the process.
3. When the sliced shallot starts to turn golden, remove from the hot oil and drain well. Set aside to let cool.
4. Mix all ingredients together. Drizzle with soy sauce and oil from deep-frying shallot. Serve.

(* refer to p.48 for steps)

Tips

Some people may be averse to the pungent taste of raw garlic and spring onion. In that case, you may stir-fry them in oil briefly to tone down the pungency. However, I personally adore the pungent taste and I always use them raw.

Wood ear and mushroom ground pork sauce

Ingredients A:

300 g ground pork

Ingredients B:

6 shallots (finely chopped)
2 slices ginger
50 g dried shrimps (soaked in water till soft, finely chopped)
5 florets wood ear fungus (soaked in water till soft, finely shredded)
10 dried shiitake mushrooms (soaked in water till soft, finely shredded)

Seasoning:

1 tbsp oyster sauce
1/2 tbsp light soy sauce
1/2 tbsp black soy sauce
1 tbsp sesame oil
1 tsp ground white pepper
1 tbsp Shaoxing wine
1 tbsp caltrop starch slurry

Method:

1. Marinate the ground pork with ground white pepper, light soy sauce, Shaoxing wine, sesame oil and caltrop starch. Mix well.
2. Stir-fry chopped shallots and sliced ginger over medium heat until fragrant. Put in the ground pork and stir to break the pork into bits.
3. Put in shiitake mushrooms, oyster sauce, black soy sauce and wood ear fungus. Stir-fry and add just enough water to cover all ingredients.
4. Bring to the boil and cook over low heat for about 20 minutes. Stir in caltrop starch slurry to desired consistency.

(* refer to p.51 for steps)

Daily variations

Steamed tofu with wood ear and mushroom ground pork sauce:

Cut 1 cube of tofu into pieces. Put on a steaming plate and steam over high heat for 2 minutes. Drain any liquid on the plate. Spread 2 tbsp of wood ear and mushroom ground pork sauce over the tofu evenly. Steam over high heat for 3 more minutes. Sprinkle with finely chopped spring onion. Serve.

Noodles dressed with wood ear and mushroom ground pork sauce:

Cook any noodles of your choice in water until done. Drain and transfer into a serving bowl. Drizzle with wood ear and mushroom ground pork sauce and oil from frying shallot. Toss well and serve.

Hakkanese Pan Mee (in wood ear and mushroom ground pork sauce)

Soup base:

1.2 kg pork bones
2 heads pickled kohlrabi
300 g dried anchovies
500 g yam bean (cut into pieces)
1 onion (cut into pieces)
1 tsp ground white pepper

Method:

1. Blanch pork bones in boiling water for 5 minutes. Rinse and set aside.
2. Soak pickled kohlrabi in water for 30 minutes. Rinse and set aside. Cut into pieces.
3. Rinse the dried anchovies. Drain well. Fry them in a wok with some oil over medium heat until fragrant.
4. While the wok is still hot, pour in 3 litres of water. Turn to high heat and boil for 10 minutes until the soup turns milky.
5. Add pork bones, yam bean, onion and pickled kohlrabi.
6. Bring to the boil and turn to low heat. Cook for 90 minutes. Skim off the oil on the surface from time to time. Strain the soup base and discard the solid ingredients.

Tips

1. If you don't have dried anchovies, you may use a fresh crucian carp instead. Fry it in the wok with a slice of ginger and some oil until golden on both sides. Then pour in water.
2. If you use a crucian carp for this recipe, make sure you strain all fish bones in the soup before using.
3. Both dried anchovies and pickled kohlrabi are salty in taste. Taste the soup first before seasoning further with salt.
4. Do not put the lid on throughout the cooking process.

Pan Mee (Hakkanese hand-made noodles)

Ingredients:

600 g bread flour
1 egg
1 tsp salt
1 tbsp vegetable oil (for kneading dough)
100 ml vegetable oil (for brushing dough)
350 ml warm water

Toppings:

deep-fried sliced shallot
deep-fried dried anchovies
wood ear and mushroom ground pork sauce (method on p.155)
mani cai (or other leafy greens)

Method:

1. Pour the bread flour on a clean counter. Make a well at the centre. Crack in an egg and add salt and 1 tbsp of oil.
2. Slowly pour warm water into the well while pushing the flour inward to mix with the liquid. Knead with your hands until ingredients are well incorporated. If the dough is too dry, wet your hands and keep kneading until desired consistency is achieved.
3. Then knead with your hands for 10 more minutes until smooth.
4. Cover the dough with damp towel. Let it rest for 1 hour. Then knead for 2 more minutes.
5. Divide the dough into 12 equal portions. Brush oil on each dough. Put them into a big bowl and cover with cling film. Set aside.

(* refer to p.56-57 for steps)

Assembly:

1. Pour the pork bone soup base into a pot. Bring to the boil and turn to low heat. Add mani cai.
2. Grease your hands and press each piece of dough flat with your palms. Pull and press the dough with your thumb and index finger into thin irregular pieces. Drop the noodles one by one into the simmer soup base. Cook until the noodles are done. The time it takes to cook depends on the thickness of the noodles.
3. Transfer the cooked noodles into a serving bowl. Add 2 tbsp of wood ear mushroom ground pork sauce. Top with deep-fried sliced shallot, deep-fried dried anchovies and chilli sauce. Serve.

Tips

1. Pan Mee should be pulled and cooked right before serving. It tastes best when made fresh.
2. If you can't finish all 12 pieces of dough, you can add a little of oil to the dough and then wrap with cling film. Refrigerate the leftover. Just leave them at room temperature for 30 minutes before pulling them into Pan Mee next time.
3. If you use a noodle machine, you don't need to add oil to the dough.
4. You may use any toppings instead of the ones listed here, such as stuffed minced fish in bell pepper and tofu, sliced bitter melon, shrimps, beef balls, wantons or dumplings.

Pork crackling and spring onion sauce

Ingredients:

1 piece noodle
1 tbsp fried shallots
1 bunch spring onion (diced)
100 g pork crackling bits

Seasoning:

1 tbsp black soy sauce
1 tbsp light soy sauce
2 tbsp oyster sauce
1 tbsp shallot oil
1 tbsp water

Method:

1. Mix the seasoning well. Bring to the boil and let it set.
2. Boil water in a pot over high heat. Put in the noodles and stir with chopsticks continuously for about 8 seconds. Drain and rinse in cold water. Put them in the boiling water again and cook for 8 seconds. Drain and save in a serving bowl.
3. While the noodles are still hot, mix with the seasoning. Top with fried shallots, spring onion and pork crackling.

Chilli sauce for Hainanese chicken rice

Ingredients:

5 red chillies
2 bird's eye chillies
6 cloves garlic
1 small piece ginger
2 tbsp calamansi juice
peel of 4 calamansi
3 tbsp sugar
1 tsp salt
5 tbsp chicken stock

Method:

1. Put all ingredients (except sugar and salt) into a food processor or blender. Season with salt and sugar.
2. In a sterilized bottle, this chilli sauce lasts for 1 month in the fridge.

Ginger dip for Hainanese chicken rice

Ingredients:

300 grated ginger
4 cloves garlic (grated)
1/2 bowl white parts of spring onion (finely chopped)
1/2 tsp ground white pepper
1 tsp salt
hot oil

Method:

1. Mix the grated ginger, garlic and white parts of spring onion.
2. Sprinkle with ground white pepper and salt.
3. Heat oil up to 160℃ . Pour the hot oil over the ginger mixture. You should hear a sizzling sound. Serve.

Seasoned rice

Ingredients:

3 cups white rice
stock from poaching chicken
chicken fat
1 Pandan leaves (each tied into a knot)
2 slices fresh turmeric
2 shallots (finely chopped)
1 piece ginger (crushed)

Method:

1. Fry the chicken fat in a dry wok to render 3 tbsp of fat. Add shallots and ginger. Fry until fragrant.
2. Rinse the rice and drain well. Add the rice to the wok and toss to coat each grain in the chicken grease for about 3 to 4 minutes.
3. Transfer the rice mixture into a rice cooker. Add equal amount of stock from poaching chicken. Add turmeric and pandan leaves. Turn on the cooker and let it finish the cooking cycle. Serve.

Tips

1. Whenever you fancy making Hainanese chicken rice, you'll need a big bowl of chicken grease. You may ask the butcher to give you a few pieces of chicken fat for free. Just fry them in a dry wok to render the grease until the crackling turns golden.
2. If the turmeric is not available, you can instead with turmeric powder.

Hainanese chicken rice

Ingredients:

1 whole chicken (about 1.5 kg)
2 bundles Pandan leaves (rolled)
4 shallots (crushed)
1 piece ginger (crushed)
chicken offal
water (enough for covering over the chicken)
ice water

Method:

1. Fry the chicken fat in a dry stock pot to render the grease. Add shallot and ginger. Fry until fragrant. Put in the chicken offal and toss well. Add water and bring to the boil.
2. Secure a long metal hook on the chicken's neck or tie a trussing string around its neck. Dip the chicken into the boiling stock from step 1 to let the hot stock warm the insides of the chicken. Lift the chicken to let the stock run out. Repeat this step three times to bring both the insides and outsides of the chicken to the same temperature.
3. Soak the whole chicken into the pot of stock. Make sure there is enough stock to cover the chicken. Bring the stock to the boil again and turn off the heat. Leave the lid off. Let the chicken soak in the stock for 35 to 45 minutes (depending on its size).
4. Check for doneness by inserting a chopstick into the fleshiest part of the chicken thigh. It is done if the juices run clear. Remove the chicken from the stock. Soak in ice water for 15 minutes. Drain and slice into pieces. Serve.

Daily variations

1. Soy sauce for Hainanese chicken rice: 2 tbsp light soy sauce, 1 tsp dark soy sauce, 2 tbsp chicken stock, 1/2 tbsp sesame oil. Bring to the boil.
2. You can make a tasty chicken soup with the radish.

Hakkanese deep-fried pork belly with five-spice and tarocurd

Ingredients:

3 strips pork belly

Marinade:

6 pieces shallot juice
3 tbsp ginger juice
1 tbsp five-spice powder
4 cubes fermented tarocurd
2 tbsp Shaoxing wine
1 tbsp light soy sauce
2 tbsp oyster sauce
1 tbsp sugar
1 tsp salt

Deep-frying flour:

200 g plain flour, 1 egg

Daily variations

Buddha's delight:

Soak white fungus, shiitake mushrooms, day lily flowers, mung bean vermicelli and tofu skin in water separately. Slice a cube of tofu. Cut 3 tofu puffs into halves. Finely shred Napa cabbage. Shell 10 gingkoes and prepare shredded ginger. Heat oil in a wok. Put in the ingredients one by one and toss well after each addition. Lastly stir in the marinade. Cook over low heat for 20 minutes. Serve. (*To protect the environment, I personally discourage the use of black hairy moss.)

Method:

1. Cut pork belly into small pieces. Add marinade and mix well. Add egg and flour. Mix well. Leave them overnight in the fridge.
2. Heat oil in a wok over high heat. Turn to low heat and put in the pork belly. Fry slowly until cooked through. Drain and set aside to let cool.
3. Turn the heat on high. Put the pork belly back in and fry until golden. Drain and serve.

(* refer to p.66 for steps)

Tips

After squeezing the juices out of the finely chopped shallot and ginger, you can fry them in a little oil and add equal amount of the marinade. Cook over low heat until thick. Transfer into sterilized bottles and keep in the fridge. You may then use this mixture to marinate chicken wings, squabs, pork trotters or other meats.

Hakkanese braised pork belly in clay pot (with tarocurd marinade)

Ingredients:

1 portion Hakkanese deep-fried pork belly (see method on p.162)
10 florets wood ear fungus (soaked in water till soft)
1 tbsp grated garlic
1 tbsp finely chopped shallot

Seasoning:

1/2 tbsp five-spice powder
2 cubes fermented tarocurd
1 tbsp Shaoxing wine
1 tbsp light soy sauce
1 tbsp oyster sauce
1 tbsp sugar
1 tsp salt
1/2 tbsp black soy sauce
2 bowls water

Method:

1. Heat oil in a clay pot. Stir-fry garlic and shallot till fragrant. Put in wood ear fungus and deep-fried pork belly. Toss for 1 minute.
2. Add seasoning and water. Cook over low heat for 1 hour. Serve.

(* refer to p.69 for steps)

Hakkanese five-spice braised pork belly with taro (in Hakkanese five-spice sauce)

Ingredients:

1.8 kg pork belly, 1 taro, 8 shallots (finely chopped), 4 cloves garlic (finely chopped), 6 red dates (de-seeded, finely chopped), 1 piece dried tangerine peel (soaked till soft, with pith scraped off, finely chopped), 1 piece ginger (finely chopped), spring onion (diced), 500 ml stock / water

Seasoning:

1 tbsp five-spice powder, 1 tsp ground white pepper, 4 cubes fermented tarocurd, 1 tbsp Chinese rose wine, 1 tbsp brine from fermented tarocurd, 2 tbsp oyster sauce, 1 tbsp light soy sauce, 1 tbsp sugar

Method:

1. Mix the seasoning well. Set aside.
2. Blanch pork belly in boiling water for 5 minutes. Wipe dry. Brush a little dark soy sauce on the skin. Set aside.
3. Add seasoning to the sliced pork. Mix well and leave them for at least 4 hours, or preferably overnight. Prick on the skin with the fork.
4. Cut taro into slices about 1 inch thick. Sprinkle with five-spice powder and mix well.
5. Heat oil in a wok. Deep-fry taro over low heat until golden. Drain.
6. Heat oil in the same wok. Put the pork belly in with the skin down. Fry until golden. Soak in ice water for 10 minutes. Wipe dry and cut into slices about 1 inch thick.
7. Stir-fry grated garlic, ginger and shallot until fragrant. Pour in the marinade and bring to the boil. Add stock and cook for 5 minutes.
8. In a large steaming bowl, arrange the sliced taro and sliced pork belly in alternate manner. Drizzle with the cooked marinade. Cover with a lid. Steam over high heat for 2 hours. Turn the taro and pork out of the steaming bowl into a serving dish. Sprinkle with finely chopped spring onion. Serve.

(* refer to p.73 for steps)

Daily variations

Braised pork trotters in five-spice sauce:

Chop the pork trotters into pieces. Blanch in boiling water and drain well. Stir-fry garlic, ginger and spring onion in a wok with a little oil until fragrant. Add the five-spice marinade and water. Put in the pork trotter and simmer for 1 hour until the pork is tender. Serve.

Daily variations

1. You can make more sauce than you need for a meal. Just keep the leftover in the fridge and use it as a marinade for any meat, especially squabs and chicken wings.
2. If time allows, do not open the lid over the steamed pork and taro after the steaming time is up. Leave the whole bowl to cool at room temperature and then keep in the fridge overnight. On the next day, steam the whole bowl with the lid on for 30 minutes over high heat. The pork and the taro would even taste better that way.
3. Taro tends to pick up much water. It's a good idea to make more sauce than you think you'd need.

Dried plaice chicken stock

Ingredients:

1 old chicken (chopped into pieces)
1/2 dried octopus (shredded with scissors)
1 dried plaice (toasted)
1 tbsp white peppercorns (crushed)
3 litres water

Method:

1. Skin the chicken. Fry in a pot with some oil until lightly browned. Put the chicken and water in the pot and bring to the boil. Skim off the chicken oil from the soup.
2. Grill dried plaice over low heat. Soak dried octopus in water until soft. Peel off the purple skin of the octopus. Fry it in a dry wok until fragrant.
3. Boil water in a pot over high heat. Put in all ingredients. Bring to the boil. Turn to low heat and cook for 2 hours. Skim off the grease on the surface. Serve.

Tips

Add radish, yam and onion to the chicken stock, it is more flavour and sweet taste.

Steamed fish with spicy fermented soybean paste

Ingredients:

1 fish

Spicy fermented soybean paste:

1 tbsp grated garlic
1 tbsp grated ginger
1 bird's eye chilli (diced)
2 tbsp fermented soybean paste
2 tbsp Chilli Sambal (see method on p.172)
50 ml Thai sweet chilli sauce
150 ml stock (or water) (see method on p.165)
50 g pork cracklings
1 tbsp lard
1 tsp sugar
2 tbsp finely chopped spring onion

Method for pork cracklings:

1. Rinse the pork fat. Fry in a dry wok over medium-low heat. Resist the urge to turn the heat up. Be patient.
2. When all lard is rendered and the pork fat turns into cracklings, remove and let cool.

Method for spicy fermented soybean paste:

1. Heat a wok and add lard. Stir-fry ginger, garlic and chilli until fragrant.
2. Add fermented soybean paste and Chilli Sambal. Stir briefly. Add Thai sweet chilli sauce and keep on stirring for 1 minute. Season with sugar. Add stock or water. Cook for a while.
3. Steam the fish until done. Drain any juices on the plate. Drizzle with the heated sauce from step 2. Sprinkle with pork cracklings and finely chopped spring onion on top. Serve.

(* refer to p.88 for steps)

Tips

1. You can store the spicy fermented soybean paste in a sterilized air-tight bottle and keep it in a fridge. It lasts for 1 month.
2. Chilli Sambal and Thai sweet chilli sauce are available in the Indonesian and Thai food store of Hong Kong.

Fried mud crab in golden butter sauce

Ingredients:

2 large male mud crabs (1.8 kg)

Golden butter sauce:

4 salted egg yolks (crushed)
100 g butter
10 g curry leaves
1 bird's eye chilli (diced)
405 g evaporated milk (1 can)
1 tsp sugar

Method:

1. Rinse the crabs and chop into pieces. Drain and wipe dry. Deep-fry in hot oil until medium-well done. Drain and set aside.
2. Melt butter in a wok over low heat. Add salted egg yolks. Keep stirring until the mixture bubbles. Add curry leaves and chilli. Keep tossing. Pour in evaporated milk and bring to the boil. Add sugar and taste it to see if it needs more seasoning.
3. Put the fried crabs back in the wok. Toss quickly to coat them evenly.

(* refer to p.91 for steps)

Daily variations

Steamed tofu with golden butter sauce:

Steam 2 cubes of tofu for 5 minutes. Drain any liquid on the plate. Drizzle with golden butter sauce and serve. You may use the sauce as a dip for potato chips or even vegetable stips.

Tips

For extra richness, add 1 slice of cheddar cheese to cook with the sauce.

Steamed fish with Shaoxing ginger sauce

Ingredients:

1 red snapper (about 1.2 kg)
coriander

Shaoxing ginger sauce:

1 bowl old ginger (coarsely chopped)
1 tbsp grated garlic
200 ml stock (see method on p.165)
1 tbsp Shaoxing wine
1 tsp ground white pepper
1 tsp sugar
1 tsp salt
1 tbsp sesame oil

Method:

1. Rinse the old ginger and cut into pieces. Transfer into a food processor or blender. Add 1/2 bowl of water. Puree and set aside.
2. Heat sesame oil in a wok. Stir-fry garlic until fragrant. Add the ginger puree and bring to the boil. Sizzle with Shaoxing wine and add stock. Turn to low heat and cook for 5 minutes. Put in ground white pepper, sesame oil, salt and sugar.
3. Steam the fish until done. Drain any juices on the plate.
4. Bring the Shaoxing ginger sauce to the boil. Dribble over the steamed fish. Garnish with coriander. Serve.

(* refer to p.93 for steps)

Daily variations

Steamed chicken with Shaoxing ginger sauce:

Rinse the chicken and wipe dry. Chop into pieces. Add 1 tsp of light soy sauce and 1 tsp of caltrop starch. Mix well and leave it for 15 minutes. Transfer the chicken to a steaming plate. Pour 100 ml Shaoxing wine and 200 g ginger puree over the chicken and steam over medium heat for 15 to 20 minutes. Serve.

Tips

For the best result, use local yellow-fleshed ginger for this recipe. Just scrub the skin well and puree it without peeling the skin. The skin adds an extra fragrance and is highly nutritious.

Fried mud crabs in lemongrass dried shrimp sauce

Ingredients:

2 large male mud crabs

Lemongrass dried shrimp sauce:

3 stems lemongrass (finely chopped)
1 tbsp grated ginger
2 tbsp garted garlic
6 shallots (finely chopped)
1 onion (diced)
100 g dried shrimps
10 g curry leaves
100 ml oil

Seasoning:

1 tbsp curry powder
2 tbsp oyster sauce
1 tbsp light soy sauce
1 tbsp black soy sauce
1 tsp sugar

Method:

1. Rinse the crabs. Cut into pieces. Drain and wipe dry. Deep-fry in hot oil until medium-well done. Drain and set aside.
2. Soak dried shrimps for 30 minutes. Drain and finely chop them.
3. Heat oil in a wok. Stir-fry lemongrass, onion, shallot, ginger, garlic and dried shrimps over medium-low heat until fragrant. Add curry leaves and curry powder, mix well. Put in all remaining seasoning. Stir well.
4. Put the fried crabs back in and toss to coat evenly in the sauce. Add 1 to 2 tbsp of water. Cover the lid and cook until the crabs are cooked through. Serve.

Daily variations

Stir-fried assorted beans in lemongrass dried shrimp sauce

Lemongrass dried shrimp sauce is a versatile seasoning with lots of zest. Despite the curry powder in it, it's more aromatic than spicy, making it a great sauce for all ages. Feel free to use it in fried noodles, fried rice, seafood, stir-fried diced chicken or stir-fried assorted beans. It just adds the much-needed zing to almost anything.

Tips

If you can't get any curry leaves, you may use Kaffir lime leaves instead. But the sauce will taste substantially different.

Pork chops in Marmite sauce

Ingredients:

6 pork chops
toasted white sesames

Marinade:

2 tbsp ginger juice
1 tbsp light soy sauce
salt
ground white pepper
1 tbsp Shaoxing wine
1 tbsp sesame oil
2 tbsp caltrop starch

Marmite sauce:

1 tbsp grated garlic
1 tbsp grated ginger
2 tbsp Marmite yeast extract
2 tbsp maltose
1 tbsp sugar
200 ml stock
1 tsp black soy sauce
1 tsp Worcestershire sauce
1 tsp ground white pepper

Method:

1. Rinse the pork chops. Tap them gently with the back of a knife to tenderize. Add marinade and mix well. Leave them for 1 hour.
2. Fry the pork chops over medium heat until cooked through. Set aside.
3. Mix all Marmite sauce ingredients together, except garlic and ginger.
4. Heat a wok and add a little oil. Stir-fry grated garlic and ginger until fragrant. Pour in the Marmite sauce ingredients. Cook until it thickens. Put the pork chops in and toss to coat well. Sprinkle with toasted white sesames on top. Serve.

(* refer to p.99 for steps)

Daily variations

Marmite fried chicken:

You can use chicken fillets instead of pork chops, the method is the same.

Sambal belacan

Ingredients:

1 tbsp belacan (finely chopped)
6 bird's eye chillies (finely chopped)
3 red chillies (cut into short lengths)
1 small piece galangal (sliced)
4 cloves garlic
8 shallots
10 calamansi (juiced)
zest of 2 calamansi

Seasoning:

2 tbsp sugar
1/2 tsp salt

Method:

1. Toast belacan in a dry wok until fragrant. Set aside.
2. Put all ingredients into a food processor. Puree. Season with salt and sugar. Serve.

Tips

1. If you can't eat anything too spicy, use red chillies only and omit the bird's eye chillies.
2. The calamansi zest is a secret trick to elevate the aroma of this sauce.
3. Alternatively, you may cut some strips of Kaffir lime leaves finely with scissors and add them to the Sambal belacan. It would add an extra dimension of fragrance.

Blood cockles in Sambal belacan

Ingredients:

1 kg blood cockles, 2 tbsp Sambal belacan, 1 tsp sesame oil

Method:

1. Boil water in a pot. Turn off the heat. Put in the blood cockles and cover the lid. Leave them for 15 seconds. Drain.
2. Serve the blood cockles with Sambal belacan and sesame oil on the side as a dip.

Daily variations

You may use marine prawns instead of blood cockles. They taste equally great.

Stir-fry cuttlefish with Sambal belacan:

Cut 2 cuttlefish into short lengths. Blanch in boiling water for 30 seconds. Drain and set aside. Finely shred half of onion. Stir-fry onion in a wok with oil until fragrant. Put in the blanched cuttlefish. Add 2 tbsp of Sambal belacan. Stir until fragrant. Season with 1 tsp of black soy sauce and light soy sauce. Serve. Just make sure you stir-fry the cuttlefish over high heat and do it swiftly.

Chilli Sambal

Ingredients:

20 dried chillies
10 red chillies
3 stems lemongrass (diced)
5 candlenuts
1 small piece galangal
1 piece ginger
6 cloves garlic
10 shallots
1 tbsp belacan
2 bowls vegetable oil

Seasoning:

1/2 bowl palm sugar (finely chopped)
200 g compressed tamarind block

Method:

1. Soak the tamarind in hot water until soft. Crush the pulp with a spoon to release the flavour. Strain and set aside the tamarind water.
2. Put all ingredients into a blender. Puree.
3. Heat a non-stick pan over medium heat. Add oil and put in the pureed mixture. Keep stirring while cooking for 10 minutes. If it gets too dry, add a little more oil.
4. Pour in the tamarind water from step 1 and palm sugar. Keep on cooking for 20 more minutes until the sauce turns deep red. This is chilli Sambal.

(* refer to p.107 for steps)

Daily variations

Stir-fried prawns with onion and chilli Sambal:

1 onion, finely shredded; 600 g prawns, shelled, leaving the tail on. Stir-fry onion in some oil. Add 2 tbsp of chilli Sambal. Stir while cooking over medium heat. Put in the prawns and cook until they are done. Serve.

Stir-fried instant noodles with chilli Sambal:

1 egg, scrambled; 1/2 cabbage, finely shredded; 2 packs instant noodles, blanched till soft, rinsed in cold water and drained. Heat a wok and add oil. Stir-fry grated garlic until fragrant. Add cabbage and noodles. Toss well. Add 2 tbsp of chilli Sambal, 1 tbsp of black soy sauce, and 2 tbsp of cooking noodle water. Toss to coat all ingredients in the sauce evenly. Serve.

Tips

Chilli Sambal tends to be sweeter in taste. If you feel exhausted after stirring the sauce for 10 minutes, turn off the heat and take a break. Resume stirring and turn on the heat again when you're ready until the sauce turns dark.

Grilled stingray on banana leaf with chilli Sambal

Ingredients:

1 stingray (600 g)
1 piece banana leaf
300 g chilli Sambal (see method on p.172)
2 tbsp cooking oil
1 calamansi (halved)

Tips

If you can't get stingray, you may use other seafood instead, such as cuttlefish, grey mullet, shrimps or even clams.

Method:

1. Wipe dry the stingray and make a few cuts on the back. Set aside.
2. Heat oil in a wok. Put in the banana leaf. Pour in half of the chilli Sambal and then the stingray. Then top with the remaining chilli Sambal.
3. Cover the lid. Fry over low heat on both sides until golden. Serve with calamansi on the side.

(* refer to p.109 for steps)

Malaysian curry

Ingredients A:

10 shallots
6 cloves garlic
3 stems lemongrass
4 candlenuts
1 bowl cooking oil

Ingredients B:

20 dried chilies (soaked in water till soft; pureed)
2 tbsp curry powder
1 tsp chilli powder
1 tsp turmeric powder
100ml water

Ingredients C:

10 g curry leaves
2 tsp salt

Method:

1. Put all ingredients A into a food processor. Blend till fine.
2. Mix all ingredients B together.
3. Put ingredients A into a non-stick pan. Stir over low heat until fragrant. Add curry leaves and ingredients B. Keep stirring over low heat for 10 minutes. If the mixture looks dry, add some oil. Season with salt at last.

Daily variations

Curry rice noodle rolls:

Put 1 litre stock to 1/2 bowl Malaysian curry in a pot. Add 100 g of coconut milk and cook for 10 minutes. Put in 10 tofu puffs and 1 tbsp of dried shrimps. Steam rice noodle rolls (for 4 servings) for 5 minutes. Transfer onto a serving plate. Drizzle with the curry sauce. Sprinkle with toasted white sesames. Serve.

Tips

1. Be patient when you cook the curry. Stir ingredients A until soft and lightly browned before adding other ingredients.
2. You should cook this curry until a layer of red oil separates from the rest of the mixture before adding other liquid, such as coconut milk, milk or stock.
3. Do not add coconut milk in the sauce when you want to keep it longer. The ready-made sauce can be kept in the refrigerator for 1 month. You can add the coconut milk and stock when cooking the dish.

Fish head curry with assorted vegetables (Malaysian curry)

Ingredients A:

1/2 giant grouper head (chopped into pieces)
2 tbsp caltrop starch
1 tbsp salt
1 tbsp ground white pepper

Ingredients B:

4 tbsp Malaysian curry (see method on p.174)
500 ml stock (or water)
200 ml coconut milk

Ingredients C:

3 okras (cut into short lengths)
1/2 eggplant (cut into strips)
1 tomato (cut into wedges)
1/4 cabbage (cut into pieces)
16 tofu puffs (halved)
5 string beans (cut into short lengths)

Method:

1. Chop fish head into pieces. Wipe dry. Add caltrop starch, salt and ground white pepper. Rub evenly and leave them briefly.
2. Deep-fry the fish head pieces in hot oil until done. Drain and set aside.
3. Heat some oil in a wok. Stir-fry Malaysian curry over low heat for 2 minutes. Slowly add coconut milk while stirring. Cook until well incorporated and a layer of red oil separates from the rest of the sauce.
4. Add stock and bring to the boil. Add ingredients C and the fried fish head pieces. Turn to low heat and cook for 15 minutes or until the vegetables are cooked through and tender. Serve.

Tips

If you don't like fish head, you may use crab for this recipe instead. Otherwise, you can cook the vegetable soup with Malaysian curry. It tastes equally good.

Rendang sauce

Ingredients A:

1 piece galangal
3 stems lemongrass (finely chopped)
1 piece turmeric
1 small piece ginger
10 dried chillies (soaked in water till soft; pureed)
10 shallots (finely chopped)
6 cloves garlic (finely chopped)
4 candlenuts
1 bowl cooking oil

Ingredients B:

1/2 bowl curry leaves
4 Kaffir lime leaves (shredded with scissors)

Ingredients C:

200 ml coconut milk
1 bowl dried shredded coconut
1 tsp salt
2 tsp sugar

Ingredients D:

1 tsp ground cumin
1 tsp ground coriander seeds
2 cloves
1 cinnamon bark
2 whole pods star anise

Method:

1. Stir-fry dried shredded coconut in a dry wok over low heat until lightly golden.
2. Put all ingredients A into a food processor. Puree till fine.
3. Add ingredients A to the dried shredded coconut. Stir over low heat until lightly browned.
4. Add ingredients B, C and D. Cook for 15 minutes until a layer of red oil separates from the rest of the sauce.

Daily variations

Pork Rendang:

Slice 600 g pork loin. Put 4 tbsp of Rendang sauce into a pot. Add 2 tbsp of water and the sliced pork. Stir well. Turn to medium heat and cook for 15 minutes until the sauce reduces. Serve.

Tips

1. Rendang sauce is supposed to be quite thick. Those of you who prefer more sauce in your food may add some water to thin it out.
2. Lamb also matches the Rendang sauce well, especially lamb leg and lamb brisket.

Nyonya Laksa sauce

Ingredients:

30 g belacan (finely chopped, toasted in a dry wok till fragrant)
100 g dried shrimps (soaked in water till soft)
5 red chillies (de-seeded)
20 dried chillies (de-seeded, soak in water till soft)
15 shallots
5 stems lemongrass
5 cloves garlic
6 candlenuts
20 g turmeric
50 g galangal
20 g ginger (sliced)
1 tsp ground coriander seeds
1 bowl cooking oil

Method:

1. Put all ingredients (except cooking oil) into a food processor. Puree till fine.
2. Heat oil in a wok. Put in the pureed ingredients. Stir over low heat for 15 minutes.
3. Add 1/2 bowl of water and cover the lid. Simmer for 15 minutes until the sauce reduces.

Nyonya Laksa noodle soup

Ingredients of laksa soup base:

600 g shrimps (shelled, but keep the shells for later use)
2 litres stock
500 g Nyonya Laksa sauce
200 ml coconut milk
300 g tofu puffs (toasted till lightly browned, cut into pieces)
6 bundles laksa leaves

Ingredients:

noodles of your choice
300 g mung bean sprouts
1 fried fish block (sliced)

Method:

Laksa soup base:

1. Fry the shrimp shells in a little oil until fragrant and crisp. Add stock and cook for 15 minutes. Strain the stock to remove the shells. Set the stock aside.
2. Add Nyonya laksa sauce to the stock from step 1. Cook for 10 minutes. Add coconut milk, tofu puffs, and laksa leaves. Keep on cooking over low heat. Season with salt and sugar.

Assembly:

1. Boil water in a pot. Put in the shelled shrimps and cook till done. Drain.
2. Blanch the fried fish block, mung bean sprouts and noodles separately in boiling water until done. Drain and set aside.
3. Arrange noodles, shrimps, mung bean sprouts, and fried fish block in a serving bowl. Pour the Laksa soup base over. Serve hot.

Pandan Kaya spread (coconut egg jam)

Ingredients:

300 g freshly squeezed coconut milk
300 g duck eggs
180 g sugar
10 g concentrated Pandan juice*
1 g salt

Method:

1. In a pot, put in coconut milk, concentrated Pandan juice, sugar and salt. Mix well. Turn on low heat and bring to the boil. Turn off the heat. Let it cool down to 60℃ .
2. Pour in the whisked duck eggs, stir quickly and then sieve well.
3. In a big pot, boil half a pot of water. Turn to low heat. Transfer the custard mixture from step 2 into a metal bowl. Then put the bowl over the big pot of simmering water but without touching the water. Keep cooking over low heat while whisking for 20-30 minutes until the mixture turns thick. Serve.

(* refer to p.123 for steps)

Where do I get my freshly squeezed coconut milk?

Cheong Fat Coconut (first shop selling freshly squeezed coconut milk in Hong Kong)
Address: 1032 Canton Rd, Mong Kok
Telephone: 2396 0418

*Concentrated Pandan juice

Ingredients:

20 Pandan leaves
600 g water

Method:

1. Rinse the Pandan leaves and cut into short lengths. Put them into a blender and add water. Blend until fine. Strain through a muslin bag. Squeeze well to extract the juices. Transfer the Pandan juice into a sealable glass bottle. Seal well.
2. Let it sit in the fridge for 24 hours until a deep green layer sink to the bottom.
3. Carefully and slowly decant the top light green layer. The thick dark green layer on the bottom is the concentrated Pandan juice. It lasts well in the fridge for 1 week if you can't use it all up.

Caramel Kaya spread (coconut egg jam)

Ingredients:

300ml freshly squeezed coconut milk
300 g duck eggs
10 g concentrated Pandan juice (see method on p.178)
100 g palm sugar (chopped)
80 g sugar
2 tbsp water
1 g salt

Method:

1. Whisk the duck eggs. Strain through wire mesh twice. In a bowl, put in coconut milk, concentrated Pandan juice, palm sugar and salt. Mix well.
2. Put sugar and 2 tbsp of water into a small pot. Cook over low heat until it turns amber colour. Turn off the heat. Pour in coconut milk mixture from step 1 and stir continuously until well incorporated. Pour in the duck eggs and whisk well when the temperature reduces. Sieve well.
3. In a big pot, boil half a pot of water. Turn to low heat. Transfer the custard mixture from step 2 into a metal bowl. Then put the bowl over the big pot of simmering water but without touching the water. Keep cooking over low heat while whisking for 20-35 minutes until the mixture turns thick. Serve.

Tips

1. If you can't get duck eggs, use chicken eggs instead. Feel free to add one more egg yolk for richer taste.
2. If you don't have concentrated Pandan juice, feel free to cut 1 Pandan leave into short lengths and cook them in the custard.

Kaya Danish (makes 8 pastries)

Filling:

280 g pandan Kaya spread or caramel kaya spread (see method on p.178-179)

Pastry:

2 pieces instant puff pastry (24 X 24 cm each)
1 egg (whisked, diluted with 1 tsp of water)
1/2 bowl white sesames

Method:

1. Preheat an oven to 180℃ .
2. Get a small bowl (11 cm diameter) and use it as a cookie cutter. Press the bowl on the puff pastry. Then trace the edges with a knife to cut out.
3. Lay flat a piece of round puff pastry. Put 1 tbsp (about 35 g) of Kaya spread at the centre. Fold in half. Crimp along the seam with a fork. Then brush on a thin coat of egg wash. Sprinkle with white sesames.
4. Bake in the preheated oven at 180 ℃ for 15 minutes. Remove from the oven and let cool for 10 minutes. Brush on one more coat of egg wash. Bake in the oven for 15 minutes until golden. Serve.

Samosa (curry sauce)

(makes 15 samosas)

Dough:

180 g all-purpose flour
45 g chilled butter
50 g ice water
10 g lard
a pinch of salt
1/2 tsp oil

Filing:

1 chicken breast (diced)
1/2 onion (finely chopped)
2 cloves garlic (finely chopped)
1 potato (diced)
1 tbsp curry powder
1 tsp turmeric
1 tsp chilli powder (or according to your preference)
2 g curry leaves
2 tbsp coconut milk
2 tbsp water
1 hard-boiled egg (shelled and diced)
1/2 tsp salt
1/2 tsp sugar

Daily variations

You may use spring roll wrappers instead of making the dough yourself. Just wrap the filling in the spring roll wrappers, seal the seam and deep-fry till done.

Method:

1. Mix all dough ingredients together and knead into soft and smooth dough. Cover with a towel and let it sit.
2. To make the filling, heat some oil in a wok. Stir-fry onion and garlic over medium heat until fragrant. Put in potato and chicken. Toss until chicken is cooked through.
3. Add curry powder, curry leaves, turmeric and chilli powder. Stir for 1 minute to mix well. Add coconut milk and water. Keep on cooking until the liquid reduces. Taste it and season further if necessary. Add the hard-boiled egg. Mix well and let cool.
4. Divide the dough into 40-gram pieces. Roll out each piece until 2 mm thin. Put some curry filling at the centre. Fold in half. Crimp the seam with your thumb into a rope crimp.
5. Heat oil in a wok. Turn to low heat. Deep-fry the samosas until golden. Drain and serve.

Dried radish sauce

Filling:

600 g dried radish (finely diced)
20 shallots (finely diced)
8 cloves garlic (finely diced)
cooking oil

Seasoning:

1 tbsp black soy sauce
1 tbsp sugar
1 tsp ground white pepper
1/2 tsp salt

Method:

1. Soak the diced dried radish in water for 30 minutes. Drain and set aside.
2. Stir-fry the diced dried radish in a dry wok to dry it out.
3. Heat oil in a wok. Stir-fry shallot and garlic until fragrant. Add dried radish, seasoning and some water. Cover the lid and cook for 10 minutes, or until the sauce almost dry out. Serve.

Tips

1. You may add some diced vegetarian pork to this sauce.
2. This sauce is very versatile. Add it to stir-fried radish cake, fried rice, tossed noodles, made kueh, or stir-fried string beans for extra flavour. Or, use it as a filling in dumplings, or just sprinkle over tofu before steaming it.

Chwee Kueh (steamed rice cake) (dried radish sauce)

Batter A:

150 g rice flour
25 g tapioca flour
1 tbsp vegetable oil
1 tsp salt
300 ml water

Batter B:

30 g potato starch
470 ml water

Method:

1. Lightly grease the steaming bowls.
2. Mix all batter A ingredients together until well-blended.
3. Mix batter B ingredients and pour the mixture into a wok. Turn on low heat while stirring continuously until it turns into a thick paste. Then pour in batter A ingredients. Keep stirring until well incorporated.
4. Pour the resulting batter into the steaming bowls. Cover with microwave-safe cling film. Steam over high heat for 15 minutes until done.
5. Let cool and turn out the rice cakes. Arrange some dried radish sauce on each rice cake. Drizzle with some spring onion oil. Serve.

Daily variations

Stir-fried Chwee Kueh:

Cut a rice cake (about 2 bowls) into small pieces. Whisk an egg and get a bowl of bean sprouts. Heat a wok over medium heat and add oil. Stir-fry dried radish sauce and the rice cakes. Toss until fragrant. Pour in an egg and keep stirring. Turn to high heat at last and add bean sprouts. Toss briefly. Serve.

Peanut satay sauce

Ingredients:

300 g ground peanuts

Sauce ingredients:

1 stem lemongrass (finely chopped)
5 shallots (finely chopped)
2 cloves garlic (finely chopped)
1 small piece galangal (sliced)
6 dried chillies (soaked in water till soft)
200 ml cooking oil

Seasoning:

50 g tamarind juice
1 tbsp black soy sauce
1 tbsp palm sugar
1 tsp salt
200 ml water

Method:

1. Toast the ground peanuts in a dry wok until lightly browned.
2. Put all sauce ingredients into a food processor. Puree and set aside.
3. Heat a wok over medium heat and add oil. Pour in the sauce ingredients and keep stirring. Cook for 10 minutes. Add ground peanuts and mix well. Add tamarind juice and the rest of the seasoning. Add water. Cook over low heat for 15 to 20 minutes. Serve.

Daily variations

Chicken wings in satay sauce:

Rinse 20 chicken wings and wipe dry. Transfer onto a baking tray. Spread satay sauce over the chicken wings. Drizzle with cooking oil. Preheat an oven to 180℃ . Bake for 25 to 30 minutes. Serve.

Tips

1. The key of this recipe is to manage the amount of water in the sauce throughout the cooking process. Authentic satay sauce should not be too dry.
2. Authentic satay sauce tends to be a bit on the sweet side.
3. You may use satay sauce as a dip, or use it as in condiment when stir-frying meat, veggies and tofu.

Grilled chicken satay on skewers

Ingredients:

3 boneless chicken thighs (diced)
peanut satay sauce (see method on p.184)
cucumber and onion

Marinade:

1 stem lemongrass
6 shallots
2 cloves garlic
1 small piece galangal (cut into 2 slices)
1 small piece ginger (cut into 2 slices)
1 tsp cumin
1 tsp fennel
1 tsp turmeric

Seasoning:

2 tbsp black soy sauce
2 tsp salt
1 tbsp palm sugar
200 ml peanut oil

Utensils:

20 bamboo skewers (soak in water overnight)
2 stems lemongrass (with the tips crushed, to be used in place of a brush)

Method:

1. Put the marinade ingredients into a food processor and puree. Add the marinade to the diced chicken and mix well. Leave the in the fridge overnight.
2. Put the diced chicken on bamboo skewers. Grill over a charcoal grill. Brush peanut oil on the chicken once in a while. Grill until cooked through.
3. Serve the chicken satay with peanut satay sauce, cucumber and onion.

Daily variations

Seared rack of lamb:

Rinse 8 lamb chops and wipe dry. Mix 1 tsp of cumin, and 1 tsp of chili powder. Spread on the lamb chops. Fry over medium heat for 1 minute on each side. Serve.

Tips

If you don't have a charcoal grill, you can preheat an oven to 180 ℃ . Then bake the chicken skewers for 20 minutes or until cooked through. Brush oil on them twice throughout the process.

Malaysian chargrilled chicken wings (Marinade for chargilled meat)

Ingredients:

20 chicken wings
1/2 bowl white sesames

Marinade for chargrilled meat:

1/2 bowl shallot juice
2 tbsp Shaoxing wine
4 tbsp sesame oil
2 tbsp black soy sauce
3 tbsp light soy sauce
2 tbsp oyster sauce
3 tbsp honey

Method:

1. Rinse the chicken wings and wipe dry. Add all marinade ingredients and mix well. Leave them overnight.
2. Light a charcoal grill. Arrange the chicken wings on the grilling rack. Brush the marinade on both sides of the wings for 3-4 times throughout the grilling process until both sides are cooked through. Sprinkle with white sesames. Serve.
3. Instead of a charcoal grill, you may also cook the wings in an oven. Bake them at 180℃ for 10 minutes. Then brush on a coat of marinade. Bake again for 30 minutes. Serve.

Belacan deep-fried chicken (Belacan marinade)

Ingredients:

6 chicken legs

Belacan marinade:

6 shallot juice
1 tbsp ginger juice
1 tbsp Belacan (finely chopped, toasted in a dry wok until fragrant)
1 tbsp sugar
1 tsp ground white pepper
1 tsp turmeric

Crust:

100 g rice flour
200 g plain flour
1 tsp baking powder
1 egg (whisked)

Tips

Feel free to serve this chicken with Sambal Belacan sauce on p.171 or chilli sauce for Hainanese chicken rice on p.159. They both add great flavours.

Method:

1. Mix all dry ingredients (except egg) of the crust together first.
2. Rinse the chicken legs. Wipe dry. Add marinade and mix well. Leave them overnight.
3. Drain all marinade from the chicken legs. Coat them in the dry crust mix. Then coat in whisked egg. Coat them in dry crust mix again. Shake off an excessive dry mix. Let them sit for the moisture to penetrate.
4. Heat oil in a wok over medium heat until hot enough. Turn down to low heat. Deep-fry the chicken legs for 10 to 15 minutes. Drain and let cool.
5. Heat up the oil right before serving. Deep-fry the chicken legs again over medium heat until golden and crispy. Drain and serve.

Rojak sauce

Ingredients:

200 g Hoi Sin sauce
60 g dark brown sugar
60 g sugar
60 g Malaysian fermented shrimp paste (see p.9)
3 g Belacan
2 tbsp of tamarind juice
150 ml water

Method:

1. Finely chop the belacan. Toast in a dry wok until fragrant.
2. Put all ingredients into a pot. Turn on low heat and cook until it thickens. It takes about 20 to 25 minutes. Serve.

Daily variations

Peanut prawn crackers:

Deep-fry the prawn crackers until fluffy and crisp. Spread a thin layer of Rojak sauce on top. Sprinkle with toasted ground peanuts. Serve.

Fruit Rojak

Ingredients:

1/2 small pineapple (cut into chunks)
1/2 yam bean (cut into chunks)
1/2 cucumber (cut into chunks)
300 g bean sprouts
1/2 green mango (cut into chunks)
1 deep-fried dough stick (cut into short lengths)
2 tbsp white sesames (toasted in dry wok till fragrant)
3 tbsp ground peanuts (toasted in dry wok till fragrant)
chilli sauce (optional)
1/2 bowl rojak sauce

Method:

Mix chilli sauce with rojak sauce first. Then put in fruits and deep-fried dough sticks. Sprinkle with white sesames and ground peanuts on top. Serve.

Daily variations

Malaysian blanched squid with water spinach:

Blanch a squid for 30 seconds. Drain. Coarsely shred it. Save on a serving plate. Cook 300 g of water spinach in boiling water for 1 minute. Drain and cut into short lengths. Save on a serving plate. Toss squid and water spinach with 3-4 tbsp of rojak sauce. Serve.

Klang Bak Kut Teh (Herbal pork rib soup)

Ingredients:

3 cloves garlic
1.2 kg pork back ribs
1 pork trotter (chopped into pieces)

Spices:

1 tsp Sichuan peppercorns
1 tbsp white peppercorns
1 piece cassia bark
2 cloves
1 whole pods star anise
1/2 tsp cumin

Herbs:

20 g Dang Gui
10 slices Yu Zhu
1/2 strips Dang Shen
20 g cooked Di Huang
1 slice liquorice
1 slice Chuan Xiong
4 slices Huang Qi

Seasoning:

1 tbsp black soy sauce
1 tbsp light soy sauce
1 tbsp oyster sauce
1 tsp ground white pepper

Accompaniments: (according to your preference)

10 tofu puffs (halved)
300 g lettuce
160 g enokitake mushrooms
1 deep-fried dough stick (cut into pieces)

Method:

1. Blanch pork ribs and pork trotters in boiling water for 10 minutes. Rinse and drain well.
2. Toast all spices in a dry wok till fragrant. Set aside. Rinse all herbs. Put them separately in two muslin bags and tie well.
3. Rinse garlic cloves.
4. Boil 3 litres of water in a pot. Put in all ingredients. Bring to the boil and cook over low heat for 45 minutes. Remove the muslin bags with spices and herbs.
5. Cook over low heat for 1 more hour, or until the meat flavour is infused in the soup.
6. Add seasoning and cook for a short while. Add enokitake mushrooms and tofu puffs. Cook for 15 minutes. Serve with lettuce and deep-fried dough stick.
7. Feel free to serve the soup with a dip – just mix raw garlic with black soy sauce, finely shredded bird's eye chillies and sesame sauce. It adds great flavours to the pork ribs.

Tips

1. It is recommended to make the hotpot soup base and match with other ingredients you prefer.
2. Cooked Di Huang tends to darken the soup and some may find it unappetizing. If you prefer a clear broth instead, you may skip the cooked Di Huang.
3. Different cuts of pork entail different cooking time. You may have to adjust the cooking time.

Pandan chiffon cake

Ingredients A:

30 g concentrated Pandan juice (see method on p.178)
6 egg yolks
100 g vegetable oil
30 g milk
50 g sugar
1 tsp salt
110 g cake flour

Ingredients B:

6 egg whites
90 g castor sugar
1/2 tsp cream of tartar (or lemon juice)

Utensil:

8-inch chiffon cake tin

Method:

1. Preheat an oven to 150℃ .
2. Add sugar and salt to the egg yolks. Beat until sugar dissolves.
3. Add vegetable oil. Whisk for 1 minute.
4. Add flour and stir for 2 minutes until no dry patch is visible.
5. Add Pandan juice and milk. Stir into a smooth batter.
6. In another bowl, whisk egg whites for 1 minute. Add 1/3 of the sugar at one time. Beat briefly after each addition. Add cream of tartar (or lemon juice). Then whisk until firm peaks form.
7. Add 1 ladle of the egg yolk mixture to the meringue from step 6. Fold gently to mix well. Then add half of the remaining egg yolk mixture at one time. Fold to mix well after each addition.
8. Pour the batter into the chiffon tin. Gently tap the tin on a counter twice to release the air bubbles. Then run a bamboo skewers in the batter once to get rid of any big air bubble.
9. Bake the cake in the oven for 50 minutes.
10. Tap the chiffon tin on the counter forcefully twice to drive the hot air out. Put the cake upside down on a wire rack to let cool. Leave it for 1 hour and turn the cake out.

Sweet glutinous rice dumplings with runny filling

Ingredients:

100 g fresh shredded coconut
1 bundle Pandan leaves
salt
120 g glutinous rice flour
30 g tapioca flour
150 g palm sugar (chopped finely)
30 g concentrated Pandan juice (see method on p.178)
80 ml water
sugar

Method:

1. Add a pinch of salt to the fresh shredded coconut. Put it on a Pandan leaf and roll it up. Steam for 10 minutes. Let cool. Set aside.
2. Boil water in a pot. Add sugar and cook until it dissolves.
3. Mix glutinous rice flour with tapioca flour. Add Pandan juice. Slowly stir in the hot syrup from step 2. Knead into dough.
4. Divide the dough into balls, each weighing 20 g. Stuff each ball with a piece of palm sugar. Seal the seam and roll into a ball.
5. Boil water in a pot. Put in the glutinous rice dumplings. Cook until they float. Then keep on cooking for 2 minutes.
6. Drain. Sprinkle with shredded coconut on top. Serve.

Daily variations

1. You may add different ingredients to the glutinous rice flour, such as mashed sweet potato, mashed pumpkin or mashed taro, for different colours and flavours.
2. You may also use red bean paste, custard, black sesame paste or chocolate instead of palm sugar as the filling.
3. Instead of blanching in boiling water, you may also deep-fry the glutinous rice balls. After step 4, make a glutinous rice flour slurry by mixing 1 tbsp of glutinous rice flour and 100 ml of water. Then roll the glutinous rice balls in the slurry. Coat them in white sesames. Heat oil in a wok. Turn to low heat and put in the glutinous rice balls. Deep-fry over low heat until golden.

Palm sugar sago pudding

Ingredients:

100 g sago pearls
100 ml evaporated milk
100 ml coconut milk
100 g palm sugar (chopped finely)
70 ml water
1 bundle Pandan leaves
salt
1.5 litres water

Utensils:

4 bowls
oil and brush (for greasing bowls)

Method:

1. Boil a pot of water and put in the sago pearls. Cook over medium heat for 15 minutes. Cover the lid and turn off the heat. Leave them in the pot for 15 minutes or until all sago pearls turn transparent.
2. Drain the sago pearls. Set aside.
3. Grease the bowls lightly with oil. Fill the bowls with sago pearls. Press firmly. Refrigerate for 2 to 4 hours.
4. In a pot, add salt to coconut milk. Cook over low heat for 5 minutes. Set aside.
5. In another pot, put water, palm sugar and Pandan leaves. Cook over medium heat for about 10 minutes into dense syrup.
6. Turn the sago out of the bowls onto a serving plate. Drizzle with the palm sugar syrup from step 5, evaporated milk and coconut milk. Serve.

Plum-scented calamansi drink

Ingredients:

10 calamansies
2 dried liquorice plums
500 ml water
sugar syrup
ice cubes

Method:

1. Put calamansies and water into a blender. Puree.
2. Season with sugar syrup. Add liquorice plums and ice cubes. Serve.

Daily variations

Plum-scented calamansi drink with pear juice:

In step 1, add 1 Chinese Ya-li pear and puree with the calamansies. Then season with honey instead of syrup. Add liquorice plums and ice cubes. Serve.

Duck confit with belacan

Ingredients:

3 duck legs
20 g belacan
1 tsp sugar
1 tsp black peppercorns
4 shallots (crushed)
1 stem lemongrass (bruised)
1 kaffir lime leaf (with the rib torn off)
2 cloves garlic
1 tsp salt
500 ml duck fat (or enough to cover the duck legs)

Blueberry sauce

20 g unsalted butter
125 g blueberries
40 g rock sugar
10 g lemon juice

Accompaniments

1 slice sourdough baguette
1/4 cucumber (sliced)

Method for duck confit:

1. Rinse the duck legs and wipe dry. Mix all ingredients together (except duck fat). Leave the duck legs to marinate overnight in an oven-safe casserole dish.
2. Add duck fat to the mixture to cover the duck legs. Cover the casserole dish with aluminium foil. Bake in a preheated oven at 150°C for 2 hours.
3. Remove the duck legs from the casserole dish. Fry in a pan over medium heat until golden and crispy.

Method for blueberry sauce:

Put blueberries, rock sugar and lemon juice into a sauce pan. Cook over low heat for 15 minutes. Turn to high heat and cook 5 minutes further. Keep stirring the mixture throughout the process. Stir in butter at last.

Assembly:

Put the duck leg on a serving plate. Arrange sourdough baguette and sliced cucumber on the side. Drizzle with blueberry sauce. Serve.

Tips

If you can't finish all duck legs, keep them in a container with duck fat covering them. Then keep them in a fridge. They last for three months.

Stir-fried clams in lemongrass dried shrimp sauce with Korean rice cake

Ingredients:

100 g raw shelled clams
200 g Korean rice cake
1 Peking scallion (cut into short lengths)

Lemongrass dried shrimp sauce:

50 g dried shrimps
3 cloves garlic (finely chopped)
3 shallots (finely chopped)
10 g dried sakura shrimps
1/2 stem lemongrass (finely chopped)
1 bird's eye chilli
1 g curry leaf

Seasoning A:

1 tbsp curry powder
1 tbsp dark soy sauce
1 tbsp oyster sauce
1 tsp sugar

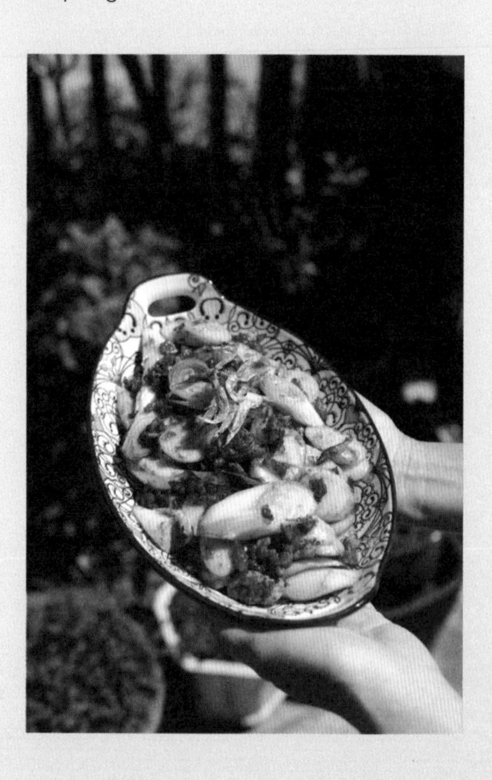

Seasoning B:

1 tbsp black soy sauce
1 tbsp oyster sauce
2 tbsp water

Method for lemongrass dried shrimp sauce:

Heat oil in a wok. Add garlic, shallots, lemongrass and dried shrimps. Toss until fragrant. Add bird's eye chilli and curry leaf. Toss briefly. Stir in seasoning A and keep stirring the mixture for 1 minute. Add sakura shrimps and mix well.

Method:

1. Boil water in a pot. Put in the Korean rice cake and cook until soft. Drain and set aside.
2. Heat a wok and add 3 tbsp of golden sakura shrimp sauce. Stir until it bubbles. Put in the calms and toss until cooked through. Add Korean rice cake and Peking scallion. Stir for 3 minutes. Add seasoning B and mix well. Cover the lid cook for 3 minutes until the sauce reduces. Serve.

Tips

You may stir-fry raw shelled clams in the sauce directly. Or, the sauce also works well with other shellfish such as crab.

Pork jerky with Sambal

Ingredients:

600 g ground pork (half fatty)

Marinade:

50 g sugar
1 tbsp fish sauce
1 tbsp dark soy sauce
2 tbsp sambal
1 tbsp caltrop starch
1 tsp salt
1 tsp ground white pepper
1 tbsp Shaoxing wine

Basting sauce:

1 tbsp honey (mixed with 1/2 tbsp of water)

Method:

1. Add marinade to the ground pork and mix very well. Refrigerate for 30 minutes.
2. Preheat an oven to 180°C. Grease a 20 X 20 cm baking tray or cookie sheet. Or, line it with parchment paper.
3. Spread the ground pork mixture evenly on the greased or lined baking tray. The best thickness would be 3 cm. Bake in the oven for 30 minutes.
4. Remove the pork jerky from the oven. Cut into pieces. Brush each piece once with the honey basting sauce. Then fry in a pan over low heat until browned. Brush on basting sauce and flip to fry the other side. You may baste the pork jerky for 2 to 3 times on each side. Serve.

Tips

1. You have full control over the fattiness or leanness of the pork jerky if you make it yourself. The pork jerky would be more tender if you use more fatty pork.
2. My mom always made me pork jerky and pork floss buns when I was little. Just slice a Portuguese bun in half. Spread some butter on the cut. Toast it in an oven for 3 minutes. Then sandwich a slice of pork jerky, a few slices of cucumber, some pork floss and a dab of ketchup in the bun. Voila.

Pandan Basque cheesecake

Ingredients:

500 g cream cheese
160 g sugar
4 eggs
2 egg yolks
100 g coconut milk
140 g whipping cream
10 g concentrated Pandan juice (see method on p.178)
20 g cake flour

Method:

1. Line a 6-inch round cake tin with parchment paper. Preheat an oven to 220°C.
2. Beat the cream cheese with an electric mixer over low speed for 3 minutes. Add sugar and beat for 2 more minutes. Add 1/3 of the eggs at one time. Beat until well incorporated after each addition. Then beat for 2 more minutes after all eggs are added.
3. Add coconut milk, whipping cream and concentrated pandan juice. Stir with a spatula until well incorporated.
4. Sieve in the cake flour. Stir with a spatula until well mixed. Pass the batter through a sieve before pouring into the lined cake tin.
5. Bake in the preheated oven at 220°C for 30 minutes. Remove from oven and leave it to cool. Wrap in cling film and refrigerate overnight. Serve.

Tips

1. If you prefer a cheesecake with runny centre, cut the baking time by 5 minutes.
2. If you don't have time to make the concentrated pandan juice, just cut 2 fresh pandan leaves into short lengths. Put them into a blender and add coconut milk. Puree. Pass the mixture through a muslin bag. Squeeze out the pandan coconut milk and add to the batter.

Beef Rending pie

*Prepare a 7-inch pie pan

Ingredients:

Pie crust:

200 g cake flour
100 g chilled unsalted butter (cut into small cubes)
1 egg (whisked)
salt
1 tbsp water (depending on the dough consistency)

Filling:

150 g ground beef
1/2 onion (finely chopped)
1 potato
3 tbsp rendang sauce (see method on p.176)
1 tbsp plain flour

Egg wash:

1 egg yolk (mixed with 1 tsp of water)

Method for filling:

1. Peel the potato. Cook in water until soft. Dice it and set aside.
2. Heat oil in a wok. Stir-fry onion and rendang sauce until fragrant. Add ground beef and toss well. Stir in the diced potato and flour. Cook until the sauce dries up.
3. Leave the filling to cool. Refrigerate for 1 hour.

Method for pie crust and assembly:

1. Grease a 7-inch pie pan with a stick of butter. Sprinkle with cake flour lightly. Tap the pan to remove any excess flour. Refrigerate the pan.
2. Mix cake flour, salt and chilled butter with hands on a counter, or in a stand mixer. Add whisked egg and water. Knead into dough. Wrap in cling film. Refrigerate for 10 minutes.
3. Sprinkle some cake flour on a rolling pin and countertop. Roll the dough out till 4 mm thick. Press it into the greased pie pan. Trim off any dough over the edges.
4. Prick holes evenly on the pie crust with a fork. Line the pie crust with parchment paper and pour in baking beans. Blind bake the crust in a preheat oven for 15 minutes to fix its shape. Remove the parchment paper and baking beans.
5. Pour in the beef filling. Cover with the round disc of dough from step 3. Crimp the edges and trim off any excess. Poke a hole at the centre.
6. Brush egg wash over the pie. Cut some patterns on the top crust with a paring knife. Bake in the 180°C oven again for 25-30 minutes until golden. Leave it to rest for 15 minutes. Slice and serve.

Tips

1. When you make the filling, make sure you reduce the sauce well. Otherwise, the sauce may make the bottom crust soggy.
2. For a variation on the filling, feel free to add a hard-boiled egg that has been diced. Or, you may add frozen peas or frozen mixed veggies. Feel free to improvise according to your preference.
3. If you don't have baking beans at home, use any dry beans or rice instead. Blind baking the pie crust helps keep the crust crispy and avoid bottom crust from warping.
4. If you want the pie crust to be firmer, brush on egg wash one more time and bake for 10 more minutes.

Hakkanese braised chicken in glutinous rice wine

Ingredients:

1 chicken (chopped into pieces)
4 florets wood ear fungus (soaked in water till soft, finely shredded)
1/2 bowl finely shredded ginger
1 tbsp sesame oil
1 bottle (750 ml) glutinous rice wine

Method:

1. Stir-fry ginger in sesame oil. Add wood ear fungus and keep stirring.
2. Put in the chicken and toss well. Sizzle with wine. Bring to the boil and turn to low heat. Cook for 15 minutes until the chicken is done. Serve.

(*refer to p.75 for steps)

Tips

1. You may put in fried egg omelettes. It tastes equally great.
2. For this recipe, try not to add any water. This is a trick to achieve the authentic rich flavours.

Pork trotters and ginger in black vinegar

Ingredients:

1 pork trotter (chopped into pieces)
1 large chunk old ginger (crushed and sliced thickly)
1 large chunk young ginger (thinly sliced)
1 bottle (750 ml) black sweet rice vinegar
200 g palm sugar (finely chopped)
1 tbsp sesame oil
1 dried chilli

Tips

1. Add half portion of balsamic vinegar with rice vinegar for simmering, the pork trotter has a stronger taste.
2. Palm sugar can be replaced with brown slab sugar, as the quantity depends on your preference adjusting the sweet taste.

Method:

1. Pour cold water into a pot. Put in pork trotter. Bring to the boil and blanch for 5 minutes. Drain and rinse well.
2. Rinse the dried chilli. Set aside.
3. Stir-fry old and young ginger in sesame oil until fragrant. Put in the pork trotter, dried chilli, and black sweet rice vinegar. Make sure there is enough vinegar to cover all ingredients.
4. Add palm sugar and cover the lid. Turn to low heat and simmer for 40 minutes. Serve.

Lei Cha in He Po style (Hakkanese gruel with herbs and nuts)

Ingredients:

1 bowl steamed white rice / brown rice

Lei Cha soup:

150 g ground peanuts (toasted)
50 g white sesames (toasted)
300 g mani cai
300 g mint leaves
300 g Thai basil
1 tbsp grated garlic
1 litre water
1 tsp salt

Toppings:

2 cubes grilled tofu (diced)
15 string beans (diced)
6 stalks Choy Sum (diced)
40 g ground peanuts (toasted)
1 tbsp white sesames (toasted)
100 g deep-fried dried shrimps
1/4 white cabbage (finely chopped)

Method:

1. Stir-fry mani cai, mint leaves and basil in a little oil. Add grated garlic and some water. Stir until the veggies wilt.
2. Transfer the mixture from step 1 into a blender or food processor. Add ground peanuts, white sesames and water. Puree repeatedly for 3 to 4 times until fine. Set aside.
3. Blanch string beans and Choy Sum in boiling water till cooked. Set aside. Fry grilled tofu in a little oil until golden. Drain and set aside.
4. Put steamed rice in a bowl. Put the toppings evenly over the rice.
5. Boil the Lei Cha soup for 10 minutes. Thin it out with some water if it's too thick. Season with salt at last.
6. Pour the hot Lei Cha soup over the toppings and the rice. Serve.

(*refer to p.80 for steps)

Tips

1. There are many different Lei Cha. Some recipes call for perilla leaves, tea leaves or soybeans.
2. Vegan readers may omit the dried shrimps.
3. It's hard to get good mani cai in Hong Kong. You may use goji leaves instead.

Hakkanese stuffed tofu

Ingredients A:

1 eggplant (cut into pieces)
1 bitter melon (de-seeded, cut into pieces)
1 sheet beancurd skin
10 pieces tofu puffs (cut open, spongy centres removed)
2 cubes tofu (cut into pieces)

Ingredients B:

600 g minced dace
300 g ground pork
300 g fatty pork (finely diced)
1 tbsp salted fish (chopped finely)
1 bowl finely chopped spring onion

Seasoning:

2 tbsp oyster sauce
1 tbsp soy sauce
1 tbsp sugar
2 tsp ground white pepper
1 tbsp sesame oil
1 tbsp caltrop starch
2 tbsp water
1 egg

Sauce:

200 ml stock
2 tbsp oyster sauce
1/2 tbsp sugar
1 tsp caltrop starch
1 tsp ground white pepper

Method:

1. Mix all ingredients B together. Add seasoning and mix well for 2 minutes. Keep in the refrigerator for 30 minutes. This is the filling.
2. Stuff the ingredients A with the filling.
3. Shallow-fry the stuffed items in oil until golden (the time required varies from ingredient to ingredient).
4. Put the sauce ingredients into a pot and bring to the boil for 2 minutes. Drizzle the sauce over the fried stuffed items. Serve.

(*refer to p.83 for steps)

Tips

1. Use the leftover filling to make meat balls with a spoon. You may also press them flat and fry them into patties. You can add shelled shrimps to the filling that it is soft enough.
2. I usually fry them in a little oil with non-stick wok until cooked through. Then I add some water and cover the lid. The steam will cook them through more quickly, just like frying dumplings.

Homestyle rice vermicelli soup with fish head and cognac

Ingredients:

Fish stock:

1/2 giant grouper head (chopped into pieces)
1 crucian carp
4 slices ginger
150 ml evaporated milk

Accompaniments:

2 tomatoes (cut into pieces)
1 cube tofu (cut into pieces)
30 g finely shredded ginger
150 g salted mustard greens (finely shredded)
rice vermicelli (for 4 servings)
1/2 tbsp X.O. cognac

Seasoning:

1 tsp ground white pepper
1 tsp salt
1 tsp sugar
3 tbsp caltrop starch

Method:

1. Rinse the fish head and wipe dry. Coat in caltrop starch lightly. Deep-fry in hot oil till golden. Drain and set aside.
2. Heat oil in a wok. Add sliced ginger. Fry the crucian carp until golden on both sides. Pour in boiling hot water and bring to the boil. Cook until the stock is milky and flavourful. Set aside the fish head.
3. Finely shred the salted mustard greens and transfer into a bowl. Add cold water and add 1 tbsp of salt. Leave them to soak for 30 minutes. Rinse well and drain.
4. Strain the stock to remove any fish bone. Add fish head, tomatoes, shredded ginger, salted mustard greens and tofu. Cook over low heat for 15 minutes.
5. Taste the stock. Then add evaporated milk, ground white pepper, salt and sugar according to your preference.
6. Cook the rice vermicelli in boiling water till done. Drain. Transfer into a serving bowl. Top with accompaniments and fish head. Drizzle with hot stock. Feel free to add more evaporated milk and a dash of X.O. cognac before serving.

Pancakes

Ingredients:

220 g plain flour
1/2 tsp baking soda
2 tsp instant yeast
50 g sugar
300 ml water
2 eggs

Filling:

150 g ground peanuts
100 g white sesames
50 g sugar
butter
sweet corn kernels

Method:

1. Toast ground peanuts and white sesames in a dry wok until lightly browned. Let cool and stir in sugar.
2. To make the batter, mix together flour, baking soda and yeast. Sieve once. Then add sugar, eggs and water. Stir until sugar dissolves. Cover with cling film and leave the mixture to rise at room temperature for 30 minutes.
3. Stir to mix well the batter again. Put a non-stick pan over low heat. Brush a thin coat of butter on the pan. Pour in a large ladle of the batter. Cover the lid and cook for 30 seconds (depending on thickness).
4. Sprinkle with the peanut mixture from step 1. Add some butter and sweet corn. Fry the pancake until the bottom is golden. Fold it in half. Remove from pan. Slice and serve.

Daily variations

Savoury pancakes:

Just use the same batter as outlined in the recipe. But for filling, use finely chopped spring onion, chopped ham, grated cheeses and ground black pepper instead. You can let your imagination run wild with the filing – peanut butter, chocolate and even dried pork floss work great.

Salt-baked chicken

Ingredients:

1 free-range chicken (about 1.5 kg)
2 banana leaves

Condiments:

8 slices ginger
2 sprigs spring onion
1 tsp black peppercorns
1 tsp white peppercorns
1 tbsp sand ginger powder
1 tbsp salt
1 tbsp Shaoxing wine
2 tbsp sesame oil

Salt crust:

1 kg coarse salt
4 egg whites

Method:

1. Preheat an oven to 230℃ .
2. Rinse the chicken and wipe dry, especially the insides.
3. Crush the peppercorns. Mix with sand ginger powder, salt, Shaoxing wine and sesame oil. Brush this mixture all over the chicken on both the insides and outsides.
4. Bruise the spring onion with the flat side of a knife. Stuff the chicken with spring onion and sliced ginger.
5. Lay flat a sheet of baking paper on a counter. Put banana leaves on top. Put the chicken at the centre. Wrap the chicken in the baking paper. Tie tightly with hemp strings.
6. To make the salt crust, beat the egg whites until stiff peaks form. Add coarse salt. Fold to mix well.
7. Lay flat a sheet of aluminium foil on the counter. Spread some of the egg white mixture on it. Put on the paper-wrapped chicken. Spread the remaining egg white mixture all over the chicken. Press firmly and fold the aluminium foil to wrap well.
8. Bake the chicken in a preheated oven at 230℃ for 1 hour. Remove from oven. Crack open the salt crust. Remove the baking paper. Slice and serve.

Daily variations

Salt-crusted chicken in clay pot:

Put coarse salt in a clay pot and stir-fry over medium heat. Put in the marinated chicken wrapped in baking paper. Top with more coarse salt. Cover the lid and turn to low heat. Cook for 45 minutes. Turn off the heat and leave the chicken in the hot salt for 15 more minutes. Slice and serve.

Salt-crusted grey mullet:

Dress a grey mullet, but don't scale it. Wipe dry. Mix the condiments and spread the mixture evenly inside the fish. Bruise a stem of lemongrass with the flat side of a knife. Stuff the fish with lemongrass, 2 slices of ginger and 1 stem of spring onion. Put the fish on a baking tray and smear the egg white and salt mixture over the fish to cover well. Bake in a preheated oven at 180℃ for 25 minutes. Serve with lime juice on the side.

Herbal steamed chicken

Ingredients:

1 free-range chicken (about 1.5 kg)

Herbal ingredients:

1 piece Dang Shen (cut into short lengths)
4 slices Dang Gui
6 slices Bei Qi
1 tbsp Qi Zi
4 slices Yu Zhu
4 red dates (de-seeded, sliced)

Seasoning:

1 tsp ground white pepper
1 tbsp salt
100 ml Shaoxing wine
1 tbsp sesame oil

Method:

1. Rinse the herbal ingredients. Drain. Add enough water to cover. Soak them for 15 minutes. Drain and set aside the herbal soup and the herbs separately.
2. Mix seasoning well. Brush the mixture on both the insides and the outsides of the chicken. Smear more seasoning on the insides especially. Leave it for 15 minutes.
3. Lay flat a big sheet of aluminium foil on the counter. Put two sheets of baking paper on top. Then put the chicken at the centre.
4. Stuff the chicken with the herbal ingredients. Then arrange the leftover herbs on the chicken. Pour the herbal soup from step 1 over the chicken. Wrap the chicken in aluminium foil. Steam over high heat for 30 minutes. Serve.

Daily variations

Herbal steamed frogs:

Dress 6 frogs and chop into pieces. Add 1 tsp each of oyster sauce, soy sauce, sesame oil and Shaoxing wine, mix well. Add 2 tsp of caltrop starch and mix well. Put frogs on a steaming plate. Arrange the herbs over them. There's no need to pour on the herbal soup. Steam over high heat for 20 minutes. Serve.

Herbal drunken shrimps in clay pot:

Put both the herbs and the herbal soup into a clay pot. Cook for 15 minutes. Soak the Vietnamese giant river shrimps in Shaoxing wine for 30 minutes. Then put both the shrimps and the wine into the clay pot. Cover the lid and cook over low heat for 2 minutes. Season with soy sauce, sesame oil and ground white pepper.

Summer rolls

Ingredients:

25 sheets spring roll wrappers

Filling:

1 yam bean (peeled, shredded)
1/2 carrot (shredded)
1 tbsp dried shrimps
1 tbsp grated garlic
100 g bowl finely chopped shallot

Seasoning:

2 tbsp oyster sauce
1 tsp sugar
1 tsp salt
1/2 tbsp ground white pepper

Toppings:

10 slices lettuce
100 g deep-fried shallot bits
1 hard-boiled eggs (finely chopped)
Hoi Sin sauce
chilli sauce

Method:

1. Stir-fry dried shrimps, shallot and garlic over medium heat until fragrant. Add yam bean and carrot. Toss for 2 minutes.
2. Add seasoning and toss again. Add water and cook for 20 minutes or until yam bean turns tender. This is the filling. Drain any liquid and set aside.
3. Lay flat a sheet of spring roll wrapper. Brush on Hoi Sin sauce and chilli sauce. Put on a lettuce leaf. Arrange some filling on top. Sprinkle with deep-fried shallot bits, and hard-boiled eggs. Roll it up and slice. Serve.

Daily variations

Deep-fried spring rolls:

Follow the same steps to make the filling. Make sure you drain the filling very well. Wrap the filling in the spring roll wrapper and seal the seam with some caltrop starch slurry. Heat a wok over medium heat. Add oil and heat it until hot. Turn to low heat. Deep-fry in hot oil until golden. Serve.

Shredded veggie trio:

Skip dried shrimps, oyster sauce and Hoi Sin sauce in the ingredients. Add dried shiitake mushrooms (soaked in water till soft, finely shredded) and seasoning. Cook for 20 minutes. Serve.

馬來西亞是美食天堂，不同的種族文化結合和創新，我們真的是有口福的人。回到家鄉必會到處找好吃的，娘惹餐、印度餐、馬來餐，當然還有中餐，當中細分為福州菜、潮州菜、客家菜、廣東菜及福建菜等等。歡迎你們來馬來西亞 Malaysia 遊玩！

Southeast Asian Classic Tangy Sauces - expanded edition

東南亞經典惹味醬—增訂版

著者 Author
黃婉秋 Nicole Wong

策劃／編輯 Project Editor
Karen Kan

攝影 Photographer
Jeana Yau (FB: JE food photography), Leung Sai Kuen

裝幀設計 Design
Amelia Loh, YU Cheung

排版 Typesetting
Wing Yeung

出版者 Publisher
萬里機構出版有限公司 Wan Li Book Company Limited
香港北角英皇道 499 號 北角工業大廈 20 樓
20/F, North Point Industrial Building, 499 King's Road, North Point, Hong Kong
電話 Tel 2564 7511
傳真 Fax 2565 5539
電郵 Email info@wanlibk.com
網址 Web Site http//www.wanlibk.com
http//www.facebook.com/wanlibk

發行者 Distributor
香港聯合書刊物流有限公司 SUP Publishing Logistics (HK) Ltd.
香港荃灣德士古道 220-248 號 荃灣工業中心 16 樓
16/F, Tsuen Wan Industrial Centre, 220-248 Texaco Road, Tsuen Wan, N.T., Hong Kong
電話 Tel 2150 2100
傳真 Fax 2407 3062
電郵 Email info@suplogistics.com.hk

承印者 Printer
中華商務彩色印刷有限公司 C & C Offset Printing Co., Ltd.

出版日期 Publishing Date
二〇一九年七月第一次印刷（初版） First print in July 2019 (First edition)
二〇二四年五月第一次印刷（增訂版） First print in May 2024 (Expanded edition)

Published in Hong Kong, China.
Printed in China.
ISBN 978-962-14-7540-4